国家自然科学基金（项目号：11605108）
山西省基础研究计划项目（项目号：20210302123337）

原子发射光谱在研究闪电物理特性中的作用

岑建勇　著

中国原子能出版社

图书在版编目（CIP）数据

原子发射光谱在研究闪电物理特性中的作用 / 岑建
勇著 . -- 北京：中国原子能出版社，2022.12
　ISBN 978-7-5221-2525-1

　Ⅰ.①原… Ⅱ.①岑… Ⅲ.①原子光谱－发射光谱分
析－作用－放电－物理过程－研究 Ⅳ.① O657.31
② O461.1

中国版本图书馆 CIP 数据核字（2022）第 235548 号

原子发射光谱在研究闪电物理特性中的作用

出版发行	中国原子能出版社（北京市海淀区阜成路 43 号 100048）
责任编辑	张　磊
责任印制	赵　明
印　　刷	北京天恒嘉业印刷有限公司
经　　销	全国新华书店
开　　本	787 毫米 ×1092 毫米　1/16
印　　张	15.125
字　　数	243 千字
版　　次	2022 年 12 月第 1 版
印　　次	2022 年 12 月第 1 次印刷
书　　号	ISBN 978-7-5221-2525-1
定　　价	68.00 元

发行电话：010-68452845

作者简介

岑建勇，男，汉族，1985 年 1 月出生，籍贯为山西大同，现就职于山西师范大学，副教授，硕士生导师。毕业于西北师范大学物理与电子工程学院原子与分子物理专业，博士研究生学历，主要研究方向为原子光谱分析、闪电物理、等离子体光谱学。在国际高水平学术期刊《物理评论快报》等发表学术论文 40 余篇，发表论文入选《物理评论快报》年度八大进展之一。主持国家自然科学基金项目1项、山西省自然科学基金项目2项、山西省教学改革项目 1 项，参与完成国家自然科学基金 3 项。担任《物理评论快报》、《应用物理快报》、《中国物理 B》等国内外期刊的审稿人，入选《物理学报》2021 年度优秀审稿人，入选山西省"三晋英才"青年优秀人才，获甘肃省高等学校科学研究优秀成果奖三等奖 1 项（排名第二）。

前　　言

　　闪电是一种发生在自然界中的强放电现象，其发生往往伴随着声、光、电等多种物理现象。闪电作为自然界最壮观的自然现象之一，很早就引起了很多科学家的关注。据统计，全球每年大约发生闪电 30 亿次，平均每天约 800 万次。闪电常见于我国高原和沿海地区，是我国 10 种最严重的自然灾害之一。闪电发生时会产生灼热的高温，其通道的温度可高达 3 万摄氏度，当它击中物体时，会瞬间产生巨大的热量，引发火灾。闪电还能产生巨大冲击波，闪电发生时，通道内的空气剧烈膨胀，并以超声波的速度向四周扩散，其外围相对冷的空气被强烈压缩，空气一胀一缩产生剧烈震动，类似于爆炸，对高大建筑物来说破坏性很大。近年来，随着微电子设备、无线电通信设备、电子信息系统等在现代工业生产和社会生活中的广泛应用，闪电电磁辐射引起的灾害也越来越多，这也是目前雷电防护中主要预防的灾害之一。随着雷电防护的内容和范围的扩大，我们也要及时提升对雷电的防护能力，这要求我们要更加准确地认识闪电过程的物理特性和机制，从而对闪电灾害进行科学和有效的防护。

　　闪电的发生具有随机性、局域性、分散性、突发性和瞬时性等特点，这使人类对它的深入研究进展缓慢。目前，研究者们主要通过高速摄像机和地面电场仪来记录闪电的发展过程和辐射电磁场等信息，而关于对闪电通道的内部诊断研究较少。闪电发生时，3 万摄氏度的高温使通道内部变为一个等离子体通道。光谱分析技术是诊断的等离子体内部特性的有效方法之一，它具有高灵敏、高分辨、高速度等一系列优点，已经成为现代生产生活中不可或缺的一种技术。对闪电进行光谱定量分析可以获得闪电通道内部的物理特性。通过光谱分析能获得闪电通道的温度、电子密度、电导率等物理参量，这有助于深入研究闪电的物理过程和机制。

　　基于此，本书以"原子发射光谱在研究闪电物理特性中的作用"为主题，概括了近 20 年来众多学者利用原子发射光谱来研究闪电放电过程物理特性的研究成果，以及笔者在闪电的原子光谱观测方面取得的研究

成果，同时对早期在闪电原子光谱观测研究史上有重要影响的科研成果
进行了总结。主要内容包括闪电基本原理、闪电的放电过程、闪电的光
谱观测研究历程、闪电原子光谱观测的仪器和设备、基于原子发射光谱
的理论计算、闪电不同阶段的原子光谱和物理特性及球状闪电的原子光
谱等。

　　本书结构科学合理，内容丰富详实，观点新颖独到，对研究原子发
射光谱应用、闪电物理特性及防护等具有一定的参考价值，可作为有关
专业的研究生或科研人员的参考书。

　　笔者在本书的撰写过程中，参考引用了许多国内外学者的相关研究
成果，得到了国家自然科学基金（项目号：11605108）和山西省基础研
究计划项目（项目号：20210302123337）的资助，也得到了许多专家和
同行的帮助和支持，特别是国内闪电光谱研究的领路人、西北师范大学
袁萍教授，在此表示诚挚的感谢。由于笔者的专业领域和实验环境所限，
本书难以做到全面系统，加之笔者研究水平有限，谬误之处在所难免，
敬请同行和读者提出宝贵意见。

岑建勇
2022 年 7 月

目　　录

第1章 闪电基本原理

闪电是一种在雷暴天气中常见的自然放电现象，它发生时的电磁辐射、热辐射强度都很大，放电空间尺度也很长，可达几千米甚至几十千米，同时还伴随有瞬间的发光、雷声等现象。通常，闪电放电通道峰值电流可达几十千安，一次闪电释放能量约为 10^8 J 数量级。一次完整的闪电过程持续时间约为几百毫秒。自然界中一半以上的闪电是云闪（闪电通道没有接地），还有一少部分闪电是地闪（闪电通道接地）。通常所说的闪电危害大多都是由地闪造成的，这是因为地闪发生时会产生一些物理效应，如强峰值电流、大功率、炙热高温、高电磁辐射、冲击波等。这些效应会对人类生活的环境产生许多危害，如破坏地面建筑物、引发森林火灾、破坏电力系统和电子设备、影响航空航行、阻碍通信等，除此之外也对人员、装置和其他设备存在潜在的危害。随着现代电子科技的不断进步，防雷工作内容的要求也在增加，我们只有更加准确地认识闪电过程的物理特性和机制，才能对闪电灾害进行科学的防护。

1.1 雷暴云概况

雷暴云形成过程复杂，受周围地貌、海陆、温度、湿度和气流等环境因素影响。通常情况下，复杂环境中湿热空气对流抬升主要有 3 种情况：①湿热空气被热力抬升，是指湿热空气在地球表面流动过程中受热不均匀导致；②湿热空气被动力抬升，这里的动力主要是由风面活动所提供；③湿热空气被地形抬升，指湿热气流流动过程中遇到地面表面凸起物阻挡而被迫抬升形成。地球表面空气在上升过程中，气体压强随上升高度增加而不断减小，使空气密度逐渐降低。在空气不断上升过程当中气体在不断膨胀，气体温度也在逐渐降低。当气体上升到一定高度时，气体温度降低到气体液化点，气体将发生凝结现象，从而形成积雨云。

地表暖湿空气上升过程中，积雨云周围相对密度较大的干冷空气将会下沉，从而在大气空间中出现上升和下沉两种气流共存的流场特征。在地表暖湿空气上升过程中，由于气体温度下降凝结而形成的水滴可分为两种类型：一种是遇冷形成的微小水滴（简称云滴），尺寸小，质量轻，能在空气中保持悬浮状态，并能够跟随暖湿气流而继续上升；另一种是雨滴，体积较大，质量较重，因而能够下降，进而逐渐积存在积雨云的下端。随着地球表面暖湿气流的不断上升、气体的不断凝结，积雨云若要发展成为较大的雷暴云，暖湿空气的持续上升是不可或缺的。在地球表面暖湿空气不断上升的过程中，上升气流可以达到 10 m/s 的垂直速度，积雨云则将发展成几千米厚的旺盛积雨云，在雨滴凝结到一定情况下，将发生强烈的雷暴雨。这就是为什么在炎热夏季（或者暴晒的午后）经常发生雷暴雨，而在其他季节不易发生强烈雷暴雨的真实原因。在某些特殊情况下，当超强暖湿气流上升时，发展旺盛的积雨云将不断地增长，由于对流层顶的存在，常常会阻止大多数强雷暴发展的最终高度。据统计记载，积雨云的厚度最高可以达 20 km，这时暖湿气流的垂直上升往往要发生偏转，积雨云顶部将向水平方向伸展，失去积雨云原来的朵状形态，而逐渐变为水平层状分布，但也有少数超强雷暴能够进入平流层。

　　结合积雨云中暖湿空气上行垂直速度的大小和方向，自然界中雷暴发展历程大多经历 3 个阶段：塔状积云阶段、成熟阶段、消散阶段。图 1-1 给出了雷暴发展过程中 3 个阶段的积雨云尺度大小和云内气流的变化情况 [1]。每个发展阶段所经历时间为 5 ~ 20 min，对于单个雷暴发生到消散一般可持续 20 ~ 50 min。对于单个雷暴在发展历程中的初始阶段，积雨云内部主要由上升暖湿气流所主导，暖湿气流的上升速度一般随空间高度的增加而呈现增加趋势，上升速度为 5 ~ 10 m/s。当暖湿气流上升到对流层顶附近时，积雨云大多情况下不再继续向上发展，而是随周围空气气流不断向其下风风向发展，从而在水平方向上随积雨云的积累呈现为云砧，此时闪电即将发展到成熟阶段。在这一阶段，不断上升和下沉的两种气流共存，降水开始发生。在下沉干冷气流中，雨在积雨云底下方被蒸发而不断冷却周围的空气，使周围的空气比上升时的温度更低。由于上升气流所需的能量主要由周围暖湿空气提供，因此，向下运动的干冷空气将会遏制暖湿空气的向上运动。正因为干冷气流的不断下沉阻止了暖湿气流的供应，从而使雷暴云的发展进入了消散阶段。此时，下沉干冷气流将会渗入整个雷暴云体，大气由于遇冷液化引发强大降水。进入成熟阶段以后，由于向下发展的干冷空气在水平和垂直方向上不断扩展，当遇到位于雷暴云体发展头部的暖湿气流时将会产生飑锋。飑锋的存在将会抬升环境周围的湿润空气,这样将可能重新出现新的雷暴单体。

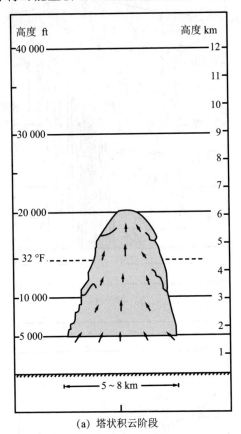

(a) 塔状积云阶段

图 1-1 雷暴云发展的 3 个阶段

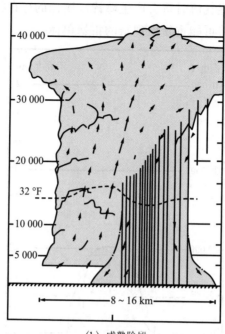

（b）成熟阶段

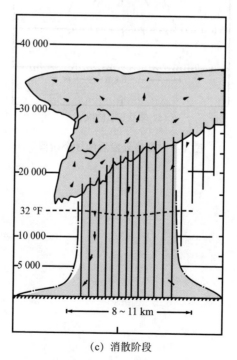

（c）消散阶段

图 1-1　雷暴云发展的 3 个阶段（续）

结合雷暴云形成过程中的对流抬升机制，自然界中的雷暴云主要分为三大类。第一类是局地热雷暴，主要由太阳辐射导致地球表面局部升温所致，一般发生在夏季的午后或傍晚，这类雷暴天气在热带地区经常发生，在中部地区的炎热夏季也时常见到。第二类是锋面雷暴，主要由冷、暖空气交汇时产生斜压大气不稳定所致，其发生范围较广，该雷暴可以发生在任何地区(陆地和海洋)不同季节的任何时刻。第三类是地形雷暴，主要由暖湿气流流动过程中遇高山阻挡被迫抬升所形成，如珠穆朗玛峰南麓的雷暴。以上为对流抬升机制下的 3 种雷暴类型，但不管是哪种机制下形成的雷暴，自然界中所有雷暴在发展过程中都会经历前面所述的 3 个发展阶段。

此外，根据雷暴云形态和结构的不同，也可将自然界中雷暴云进行分类：①普通单体雷暴，指从发生到消散整个过程中自始至终只有一个孤立组织，完成 3 个阶段，最终消散；②超级单体雷暴，它虽然属于单体雷暴，但是比普通单体雷暴维持时间要长、水平尺度要大，水平延伸可达几十千米，时间可达数小时，其形貌如图 1-2 所示；③多单体雷暴，对于数个单体雷暴混合到一起所形成的复合雷暴，我们可以把它叫作多单体雷暴。多单体雷暴其实是由一系列不断发展的单体雷暴构成，在各个雷暴单体之间能区分出自己完整的轮廓。在多单体雷暴发展过程中，不同单体雷暴都有自己完整的发展阶段，从而使单体和单体之间、单体和周围环境之间存在着相互作用和相互影响，因而其持续时间较长，一般可达数个小时，甚至十多个小时；④飑线，它也属于多单体雷暴的一种，但它呈线（带）状排列，带状飑线给自然界带来的灾害更大。

图 1-2 单体雷暴

1.2 起电机制

闪电开始于云内复杂的混合区域，在该区域同时存在着大量的水滴、冰晶和水蒸气等。揭示云内起电的原因是研究闪电放电的开始。许多学者很早就开始对云内起电的原因机制和产生雷电的条件做了大量研究，也相继提出了很多的起电机制。这些云内起电的机制大致可以分为两种：一种是基于雷雨云内部不同状态的水成物粒子彼此发生碰撞所引起的改变电荷极性和电荷转移；另一种是结合雷雨云内的对流、传导和离子扩散等过程引起的电荷生成和输运，即离子起电机制。离子起电机制虽然能够导致云内粒子携带不同极性的电荷，但是整个离子起电过程只与大气中的自由电荷有关 [2]。

1.2.1 非感应起电机制

大量的实验研究表明，由霰粒子与冰晶发生碰撞产生电荷极性改变和电荷转移的起电机制是最重要的云内起电方式。温度、液态水含量、碰撞速度和碰撞冰晶的尺寸都是影响霰粒子与冰晶发生碰撞所引起的转移电荷极性和电荷转移量的因素 [3]。其中，温度和液态水含量起主要作用。如果参与碰撞的冰晶尺寸较大，那么随冰晶尺寸的增大，每次碰撞所引起的电荷转移量变化不大。而如果参与碰撞的冰晶尺寸较小，那么随冰晶尺寸的增大每次碰撞所引起的电荷转移量增加较快。当水含量合适时，在温度高于 –10 ℃ 的区域，较重的霰粒子与较轻的冰晶的碰撞 [4, 5]使正电荷被转移到霰粒子上，冰晶获得负电荷。在温度低于 –10 ℃ 的区域，霰粒子和冰晶所获得的电荷极性恰好相反。把这种冰晶与霰粒子发生碰撞而致使电荷极性反转所需要的温度定义为反转温度。为了补充霰粒子周围被空气带走的小云滴，对云室内的水含量进行了调节，发现云室内液态水的含量越高，反转温度越低 [6]。

1.2.2　感应起电机制

在垂直外界大气电场的作用下，被极化的云内小云滴和大雨滴之间发生的碰撞会产生电荷的转移，且彼此分离，在云中空气的对流运动下，使带正电荷的粒子向上运动到正电荷区域，带负电荷的粒子向下运动到负电荷区域，从而不断地加强外界大气环境电场，加快这种机制的运行。把这种由于外界大气环境电场而被极化的粒子产生的起电方式称之为感应起电机制。在这种起电机制中，当被极化的粒子发生碰撞时，首先外界大气环境的电导率要足够大，才能促使电荷转移；另外，粒子发生碰撞的过程中要有足够长的时间让碰撞粒子更好地接触。大量实验表明，过冷的水滴与已冻结的降水粒子在发生碰撞后彼此分离的概率很小，只有在大于 10 kV/m 的外界场强度下，由于粒子发生碰撞而发生的电荷分离的概率才能较大 [7]。但是，这种起电机制只有当气流携带小粒子的上升速度与大粒子的下落速度相当时，才能引起雷暴起电 [8]。

1.3　闪电的分类

闪电起始于雷暴云中，当电场强度超过 400 kV/m 时 [9, 10]，可能会引起闪电的发生。闪电发生后，其外形是不尽相同的。按照闪电放电通道的外形特征可将闪电分为线状闪电、带状闪电、片状闪电、联珠状闪电和球状闪电等类型 [11]。

线状闪电是雷暴天气中最容易观测到的一种闪电。依据闪电放电通道是否接地，又可以把它细分为线状云闪和线状云对地闪电（地闪）这两种类型。图 1-3 展示了一种常见的线状云对地闪电。正如在雷暴天气中所观察到的，线状闪电呈弯弯曲曲状，且在主通道上有很多类似于树枝的分叉。一般情况下，线状地闪发生时会伴有不止一次的放电过程。从图 1-3 中可以看出，线状闪电发生时呈一道明亮、细长的流光，形状蜿蜒曲折，具有很多分叉，也称为枝状闪电。它的放电电流较大，有时能达到一百千安培以上，是引发森林和建筑物火灾的主要元凶。

带状闪电一般是线状闪电产生的通道受强风的吹动发生偏移，使通道中各次放电的空间位置发生少许平移而整体呈现出带状形状，如图 1-4 所示。带状闪电的纵向尺度较宽，是线状闪电放电通道宽度的几百倍，平常观测到的带状闪电宽度能够达到几十米量级，看上去好似一条发亮白色光的宽带。带状闪电很少有分支，一般发生在雷暴放电较弱的后期。由于带状闪电通道较宽，如果击中房屋或森林，能立即引起大面积燃烧。

图 1-3　线状云对地闪电　　　　　　　图 1-4　带状闪电

　　片状闪电也是一种较为常见的闪电，如图 1-5 所示。片状闪电看起来是在闪电通道上方及云面里闪着一大片光。这种闪电有可能是云体内看不见的大面积火花放电的光，或者是闪电在云内的发光部分被云层遮挡而形成的漫射光。片状闪电一般出现在雷雨云强度已经减弱、降水趋于停止时。大多数片状闪电是发生在云体内的放电。

　　联珠状闪电是一种罕见的闪电，如图 1-6 所示。如果雷暴比较强，在一次常见的线状闪电发生后，联珠状闪电很有可能出现在原先线状闪电发生的通道中。它的形状像长长的一串珍珠悬挂在平静的夜空中，也称为链状闪电。联珠状闪电的特点是放电持续时间比常见的普通闪电要长，它还拥有较长的熄灭时间，用肉眼就能较长时间地看到它。有研究者推测联珠状闪电是由于闪电通道路径中体电荷密度分布不匀称造成的。

图 1-5　片状闪电

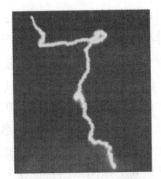

图 1-6　联珠状闪电

　　球状闪电是发生在强雷暴过程中的一种罕见的闪电现象，它的形状呈圆球形，看上去像一团火球，因而称为球状闪电。由于它会在近地面自在飘飞或滚动，或逆风而行，所以俗称为滚地雷。通常，球状闪电的直径约为 25 cm，偶尔也有直径几米甚至几十米的。有些研究者发现球状闪电的颜色呈暖色调，如橙色和红色；也有研究者发现球状闪电呈冷色调，如蓝色等。球状闪电的运动速度较快且移动方向不定，生命周期一般为 1 ～ 5 s，也有维持几分钟的。它可以安静地消失，也会爆炸消失。球状闪电的假说有很多，多数人认为它是高密度的等离子体球[12]。图 1-7 是用黑白相机记录到的一次大自然中球状闪电的图片[13]。通过对其光学和光谱学特性的分析，确认了自然球状闪电的形成方式及主要成分。

图 1-7　球状闪电

　　依据闪电产生的空间位置能将闪电分为云闪和地闪。

　　云闪是指闪电未能击中地面（不与地球上的物体发生接触）的放电过程，包括云内闪电（同一块云中带相反极性的电荷体间的放电过程）、云际闪电（带相反极性的不同云电荷体间的放电过程）和云空闪电（云中电荷体与云外环境大气中带相反极性的电荷体间的放电过程）。据统计，全球发生的闪电中，2/3 的闪电是云闪。云闪放电过程持续时间约为几百毫秒，其通道长度通常为 5 ～ 10 km[14]。

地闪也叫云地闪电，是指闪电击中地面（与地球上的物体发生接触）的放电过程。地闪约占闪电总数的 1/3。由于云对地闪电对地面物体的危害较大，且相对于云闪容易被光学设备观测记录，研究云地闪电的学者较多，所以对云地闪电的特征研究相对较为成熟。

云地闪电是发生于云体与地面之间的放电过程。云地闪电起始于先导。先导创造的通道连接云体和地面时，云体和地面的电荷便会通过通道进行中和，此时通道中便会形成巨大的电流。按照先导传播方向和电流方向将云地闪电分为 4 类[15, 16]，如图 1-8 所示。

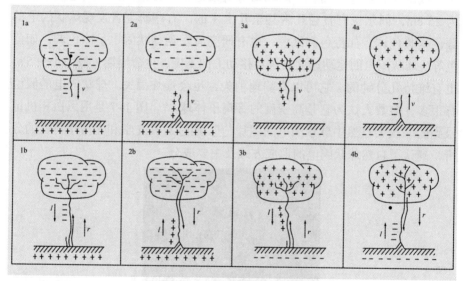

图 1-8　云地闪电 4 种类型

l——先导；*r*——回击；*v*——发展方向

第一类云地闪电：放电从云中的向下负先导（携带负电荷）起始，并不断向下发展，若不接地就不会形成回击，便形成云空放电，如图 1-8 中 1a 所示。向下负先导不断向地面发展，与地面达到一定距离时，会在地面或地面结构发起一个向上连接先导。当向下移动先导和向上连接先导的头部达到一定距离时会完成最后的连接，之后会迅速产生向上回击，回击和先导把云中的负电荷释放到地面。如果这样的过程只发生一次，就是单回击闪电，如果重复出现多次，即为多回击闪电。这种形式的闪电被称为向下负先导负地闪（下行负地闪），如图 1-8 中 1b 所示。

第二类云地闪电：放电起始于高耸的地面或地面结构，之后正先导（携带正电荷）向云体中的负电荷区发展，如果没有发展到云体，且持续时间较长，则称为向上正先导连续负放电，如图 1-8 中 2a 所示。开始的时候和 2a 型相同，但是它不断向上发展并到达云体，便产生向下回击，回击和先导把云中的负电荷释放到地面，这种形式的闪电被称为向上正先导负地闪，如图 1-8 中 2b 所示。

第三类云地闪电：与第一类云地闪电类似，不同的是云体所带的电荷是正电荷，若先导在发展的过程中没有到达地面，便会产生云空放电，如图 1-8 中 3a 所示。当向下正先导发展到最后连接到大地时，便会引起向上正回击，并会将先导和云中的正电荷释放到地面。这一类闪电比较少见，被称为向下正先导正地闪，如图 1-8 中 3b 所示。

第四类云地闪电：向上负先导始于高耸的地面或地面结构，之后负先导向云体中的正电荷区发展，如果没有发展到云体且持续时间较长，则称为向上负先导 - 连续正电流闪电，如图 1-8 中 4a 所示。向上负先导会不断向上发展，到达云体中的正电荷区时便产生向下回击，并将云中的正电荷释放到大地。这种形式的闪电被称为向上负先导正地闪，如图 1-8 中 4b 所示。

参考文献

[1] 陈渭民 . 雷电学原理 [M]. 北京：气象出版社，2004.

[2] 郄秀书，张其林，袁铁，等 . 雷电物理学 [M]. 北京：科学出版社，2013.

[3] JAYARATNE E R，SAUNDERS C P R，HALLETTJ. Laboratory studies of the charging of soft-hail during ice crystal interactions[J].Quarterly Journal of the Royal Meteorological Society，2010，109：609-630.

[4] TAKAHASHI T. Riming electrification as a charge generation mechanism in thunderstorms[J].Journal of the atmospheric sciences，1978，35：1536-1548.

[5] 王杰，袁萍，郭凤霞，等．云闪放电通道的光谱及温度特性 [J]. 中国科学：地球科学，2009，39，229-234.

[6] SAUNDERS C P R， BROOKS I M. The effects of high liquid water content on thunderstorm charging[J].Journal of Geophysical Research Atmospheres，1992，97：14671-14676.

[7] AUFDERMAUR A N， JOHNSON D A. Charge separation due to riming in an electric field[J].Quarterly Journal of the Royal Meteorological Society，2010，98：369-382.

[8] PALUCH I R，SARTO D J. thunderstorm electrification by the inductive charging mechanism：II. possible effects of updraft on the charge separation process[J].Journal of the Atmospheric Sciences，2010，30：1174-1177.

[9] WINN W P，SCHWEDE G W，MOORE C B.Measurements ofelectric fields in thunderclouds[J].J. Geophys. Res.，1974，79：1761.

[10] TANG J，JIANG W，ZHAO W，et al. Development of a diffuse air-argon plasma source using a dielectric-barrier discharge at atmospheric pressure[J].Appl. Phys. Lett.，2013，102：33503.

[11] SALANAVE L E. Lightning and its spectrum. an atlas of photographs [M].Tucson：Univ. Arizona Press，1980.

[12] TSUI K H. Balllightningas a magnetostatic spherical force-free field plasmoid[J].Phys. Plasmas，2003，10：4112.

[13] CEN J，YUAN P ，XUE S. Observation of the optical and spectral characteristics of ball lightning[J].Phys. Rev. Lett.，2014，112：035001.

[14] 张义军，KREHBIEL P R，刘欣生，等．闪电放电通道的三维结构特征 [J]. 高原气象，2003，22：217.

[15] BERGER K，ANDERSON R B ，KRÖNINGER H. Parameters of lightning flashes[J].Electra，1975，41：23.

[16] UMAN M A. The lightning discharge[M].London：Academic Press，1987.

第 2 章　闪电的放电过程

2.1　负地闪放电过程

　　云地闪电是云体与大地之间的一种放电过程，它与地面建筑物、电力设备和通信等人类活动有直接关系，是对人类危害最大的一种闪电。在众多的云地闪电种类中，以向下负先导负地闪（下行负地闪）居多。图 2-1 给出了条纹相机（快速旋转相机）获取的照片[1]，刚开始的短线是由先导向下传播产生的，之后的长且亮的光带是由回击产生的。图中时间自左向右，时长为 1.84 ms。从图 2-1 中可以清楚地看到，先导一步一步向地面发展的过程以及回击产生的强烈的发光现象。

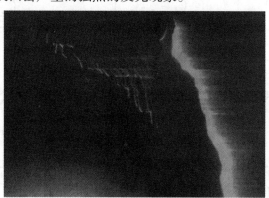

图 2-1　条纹相机拍摄的闪电过程图片

　　图 2-2 是闪电科研人员基于静止照相和条纹照片画出的一次典型下行负地闪发展过程的示意图[2, 3]。从图 2-2 中可以看出，负地闪梯级先导持续时间大约为 20 ms，然后是与地面物体的快速连接过程和首次回击。间隔约 40 ms 后从云内发起由直窜先导引起的第一次继后回击过程，直窜先导和第一次继后回击的时间间隔非常短，大约为 2 ms。在间隔 30 ms 之后又一次从云内发起由直窜先导引起的第二次继后回击过程。云底到地

面的距离大约为 3 km。

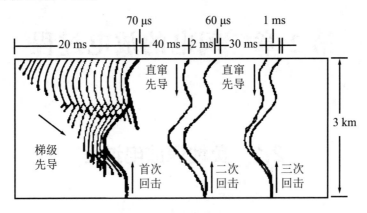

图 2-2 典型负地闪放电过程

图 2-3 是负地闪随时间的发展示意图[4]。典型负地闪放电过程包括预击穿过程、梯级先导、首次回击、直窜先导、继后回击、连续电流、M 分量、K 分量等过程。

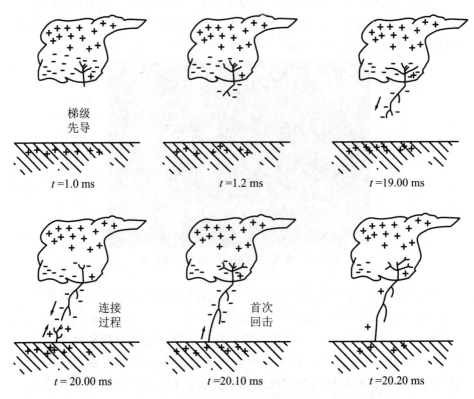

图 2-3 典型负地闪包含的各阶段物理过程随时间的发展示意图

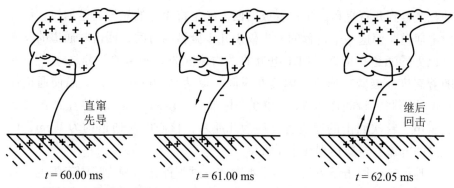

图 2–3　典型负地闪包含的各阶段物理过程随时间的发展示意图（续）

　　负地闪放电是由云中开始向下移动的负极性先导激发形成的，向地面输送负电荷。预击穿过程发生在云内，是云中电荷向地面输送的第一步，也是云内发生的弱电离过程，预击穿过程一般认为发生在云中的负电荷区和云下部的正电荷区之间，其持续时间从几毫秒到几百毫秒不等[5, 6]。

　　梯级先导是由云中的预击穿过程激发的。预击穿之后，会形成向下发展的流光，流光以梯级式的前进方式逐级伸向地面，这便是下行负地闪的梯级先导。梯级先导为闪电开辟通道，由于大气电场分布不均匀，梯级先导是向下蜿蜒发展的，并不总是由云端径直地传向地面。一个充分发展的梯级先导会在几十毫秒向下输送 10 C 以上的云中负电荷[7]，单个的梯级至少会有 1 kA 的脉冲电流，先导平均的电流约为 300 A[8]，先导的平均二维传播速度约为 1×10^5 m/s[9, 10]，先导对应的电场和磁场也是脉冲形式的，其脉冲上升时间一般小于 0.1 μs，宽度一般约为 1 μs。在地闪梯级先导向地面发展的过程中，通道极有可能发生分支现象形成分支通道，但最终到达地面一般只有一支运动较快的分叉，这便形成闪电通道。

　　随着梯级先导一步步接近地面，下行先导所携带的电荷通过感应起电，在距离地面上方约几十米的地方，使地面导电物体上的感应电荷增多。这样在云和大地之间的大气电场强度会逐步增强。增强的大气电场，使地面较高尖端上的电场超过空气的击穿电场，即会产生向上的流光，向上的电离通道称为上行先导，由此产生的过程即是连接过程。

　　大电流的首次回击过程，是由梯级先导触发的。当一个或几个上行先导在地面上方几十米处与下行梯级先导相连时，首次回击过程开始发生，此时强大的电流能以极快的速度通过闪电先导之前创建的通道，由地面流向云层，且通道将会是一束明亮的光柱，几百安培的电流持续沿着通道流动几毫秒到几百毫秒，迅速释放的回击能量将原先的先导通道加热，形成回击通道。而这一个过程的发生仅用几十微秒的时间，回击时通道的发光要比先导通道亮得多，回击电流的平均速度约为光速的三分之一[11]，并随着高度而衰减。通道的温度在瞬间可以达到 30 000 K，高温使通道体积迅速膨胀，瞬间产生 50 ~ 200 个标准大气压的高压，并产生冲击波形成雷声。首次回击的通道直径约为几厘米，核心电流通道约为 1 cm，但流过的电流甚至能达到几十千安培[12]。

地闪首次回击结束后，如果本次放电过程停止，则为单闪击闪电。若经过几十微秒的时间间隔，通道顶部能重新聚集起足够多的电荷，产生足够强的电场，便会形成又一次下行先导，这种先导也是由云到地面向下发展的，称为直窜先导或直窜 – 梯级先导。直窜先导一般与前一回击的时间间隔小于 100 ms，无须开辟新通道，而是沿着前一回击的通道直接向下运动，向地面输送电荷约 1 C，电流为 1 kA。但当时间间隔大于 100 ms 后，可能形成直窜 – 梯级先导，这种先导一般是以直窜先导开始，沿着原有的闪电通道向地面输送云中电荷，但由于时间间隔较长，在向下传播的过程中直窜先导很有可能会另辟路径，但也有可能在开辟新路径后，中间又变回到原来的路径上，此即为直窜 – 梯级先导。这两种先导都会表现为一根亮的细线，一般没有分支，直窜先导到达地面所用时间非常短，仅为几毫秒，运动速度要比梯级先导高 1 ~ 2 个数量级，大约在 10^7 m/s 左右[13, 14]。

我们把一次云对地闪电中除了首次回击的其余回击，都称为继后回击，它由直窜先导或直窜 – 梯级先导引导产生。继后回击的电场变化与首次回击的电场变化波形类似，一般值是首次回击的 1/2 左右。表 2-1[2] 列出了归一化到 100 km 的首次回击和继后回击的辐射峰值电场由早期学者得到的平均值，可以看出，首次回击的辐射电场平均值为 6 ~ 8 V/m，继后回击的辐射电场平均值为 4 ~ 6 V/m。

表 2-1　归一化到 100 km 的首次回击和继后回击的峰值辐射电场

单位：V/m

作者	首次回击		继后回击	
	数目	平均值	数目	平均值
Willet et al（1998）	131	8.6	—	—
Qie et al（1991）	56	7.6	—	—
Master et al（1984）	112	6.2	237	3.8
Krider and Guo（1983）	69	11.2	84	4.6
	31	8.8	31	6.0
Cooray and Lundquist（1982）	553	5.3	—	—
McDonald et al（1979）	54	5.4	119	3.6
McDonald et al（1979）	52	10.2	153	5.4
Tiller et al（1976）	75	9.9	163	5.7
Lin et al（1979）	29	5.8	59	4.3

以上为闪电最主要的几个放电过程，此外，连续电流也是闪电的一个重要过程。该过程发生在回击过程停止后（即脉冲电流停止），此时回击通道仍可能存在约几百安培，甚至高达 1 kA 量级的连续电流，可引起缓慢而大幅度的地面电场变化，此时整个雷电放电通道持续发光，总历时一般为几十到几百毫秒不等，这个过程称为连续电流过程。Hagenguth 和 Anderson[15] 首次在帝国大厦的雷电测量中发现了连续电流这一分量。Rakov 和 Uman 等人[16] 发现连续电流可以发生在任何一次回击之后，单闪击地闪和多闪击地闪发生长连续电流过程的概率分别为 6% 和 49%。

2.2　正地闪放电过程

通常情况下，雷暴云的上层聚集着大量的正电荷，下层聚集着大量的负电荷，而雷暴云的底部往往存在少量的正电荷。当整个雷暴云的对外极性为负时，容易产生负闪电。当整个雷暴云的对外极性为正时，容易产生正闪电。但是，据统计，雷暴云容易产生负极性云地闪电（负闪电），而发生正极性云地闪电（正闪电）的概率较小。所以和负地闪相比较，关于正地闪的研究和理论解释要少得多。目前，对于产生正地闪的雷暴云内的电荷结构及演化的研究很少，对正地闪发生之前的云闪过程的研究也少之又少。正地闪在闪电的形成机制方面和负地闪有较大的不同，如每个地闪发生时的回击个数、是否有连续电流发生、先导的传播模式以及通道的分支等。

在某些地区雷暴天气中，正地闪的形成概率很小，原因之一是受雷暴云所对应的地表面周围的自然地形外貌及地质结构的影响。近几年来，研究者们对雷暴产生正地闪放电现象的认识有了许多进展，目前有很多有关正地闪的资料都是在温带气候地区得到的。据统计，日本在严寒的冬季会有自然雷暴产生且这些雷暴还易形成大量正极性的云对地闪电，不仅发生概率大，而且在同纬度这个季节发生的所有地闪中所占的比重最大，能够达到40%～90%[17]。而之所以该地冬季正地闪的概率这么高是因为雷暴云中的电荷分布被当地的强烈季风作用所影响，致使雷暴云中最上层的大量正电荷区域和下层的负电荷区域发生了较大的偏移，使正负电荷区域位置产生了比较大的变化，从而使暴云中最上层的大量正电荷更加容易产生向地面发展的正先导，并且最后形成正地闪过程。也有数据显示，位于美洲的美国地区（横跨3个温度带）也常有正地闪电的发生，并且概率在10%以下。位于我国西北的内陆高海拔地区也是正地闪的多发区，所占比重能够达到15%～20%，属于发生概率比较高的地区。在夏季，正地闪很少被观测到，它的发生也与当地的海拔和纬度有关。

在一般情况下，大多数正地闪只有一次回击放电过程发生。含有两次以上回击的正地闪发生概率非常低。只有单次回击的正地闪发生概率在80%以上，回击后有连续电流，且持续时间长。我国东北部的大兴安岭地区是正地闪的多发地区。在夏季，有研究者观测到多次正地闪，其中多数闪电是只有一个回击的正极性云地闪电，并且其所占比重高达94.6%。Saba用高速摄像和闪电定位系统对103个正地闪总结分析得出81%的正地闪只有一次回击，其中有21个为多回击正地闪，75%的正地闪中至少有一次长时间的连续电流，且一般持续时间约为40 ms，而一般情况下只有30%的负地闪的回击过程有连续电流[18]。

当雷暴云的底部以正电荷分布为主时，正地闪容易产生。正地闪在发生之前也会有先导过程发生，从而诱发回击产生。上行正地闪和下行正地闪是正地闪的两种不同放电类型，这是依据先导带电极性的不同来划分的。两种正地闪发生前的先导过程按照先导的传输方向和带电极性可以分为上行负先导与下行正先导。和负地闪一样，正地闪在首次回击发生前的先导是以梯级状传播的，引发继后回击的相应先导也是以直窜先导的形式传播的。

上行负先导一般会从地面高建筑物的顶端发起，在大气电场的加强下向上传播。当上行负先导接触到头顶云端底部的正电荷区域时，一个初始的连续电流将产生，且沿着先导通道流动。正地闪的初始阶段就是由上行负先导和其到达云底区域而产生的初始的连续电流组成。在初始阶段有时会出现正的向下连接先导，类似于下行正地闪的继后回击。下行正先导和常见的自然负地闪的先导过程一样，是由雷暴云底部的正电荷诱发并形成向地面传输的正先导。

正地闪中先导脉冲的峰值电流、持续时间、间隔时间和电荷量的平均值分别为 3 kA、31 ms、32 ms、42 mC[19]。假设梯级先导的传播速度为 8×10^4 m/s 到 4.5×10^5 m/s，并基于这个假设而估算出向上负梯级先导放电通道中的电荷密度为 15 ~ 87 mC/m，先导长度为 168 ~ 945 m，梯级先导的平均步长为 2.4 ~ 13.3 m，并得出向上负梯级先导放电通道中的电荷密度和长度明显大于向下负梯级先导的值。有研究者利用 Automatic Lightning Progressing Feature Observation system（ALPS）自动闪电发展特征观测系统观测研究了上行负先导的特性，并分析发现上行负先导的平均传输速度为 3×10^5 m/s[20]。研究者采用高速光学成像系统记录到下行正先导从高度 299 m 下降到 21 m 的过程，发现该先导先是以大致 1.0×10^6 m/s 的速度向下传输，在传输到高度为 45 m 时，速度增大为 2.5×10^6 m/s[21]。

研究者们经过分析大量观测试验，发现大多数情况下，正地闪电的发生前后都有可能出现云间放电现象，并且很少出现放电分叉通道。另外，出现的云间放电现象往往放电时间较长且在空间上整体呈现水平发展趋势。正地闪在下行正先导发生之前有水平的云间放电过程[22]。利用闪电 VHF 辐射源定位系统观测资料研究表明，正闪电在回击发生前有辐射强度较大的云内放电过程，它的通道呈水平发展，有较少分叉，水平发展时的传输速度为 10^5 m/s，平均持续时间为 370 ms[23]。电场记录也显示，正地闪在向地面发生回击放电前，往往容易出现持续时间超过 100 ms 的云闪放电过程[24]。

闪电发生时，有些云内放电过程会逐渐横跨到云层底部，在外界大气电场的作用下，有的放电通道会穿出云底向下发展，从而导致正地闪的发生。当雷暴云底部有大量的正电荷集中分布时，如果负极性先导进入这样的电荷区，会引起放电[25]。放电的发展过程，如果有细小分叉通道断裂，则在断裂处可能产生正先导，并以此形成向下传输的正地闪，且它的持续时间长、强度大。在雷暴云中，虽然产生正地闪的概率很低，但和负地闪相比，正地闪的最大电流要比负地闪高出很多。在整个放电过程中，正地闪会将正电荷沿电流运动的方向运送到地表面，这个过程中被输送的正极性电荷总量很大，并且也高出在负地闪中被输送的负极性电荷总量。由此也可以得出，正地闪会比负地闪引起更为严重的自然灾害。虽然在很多地区的强风暴中，主要发生负地闪，但仍然会有正地闪生成，它们才是制造灾害性天气的真正根源[26]。对于通常所说的龙卷风和冰雹等灾害性天气，多是因为有以正地闪为主的风暴，正地闪持续的时间越长，那么发生灾害性天气的概率就越大，而以负地闪为主的风暴产生灾害性天气的概率较小。通常情况下，闪电对航空、输电系统、森林火灾和地面建筑物等所造成的严重灾害，主要是由正地闪引起的。这是因为正地闪回击放电过程中出现大电流的概率要远大于负地闪的，其辐射强度更强，整个回击放电过程持续时间较长，并向地面转移的电荷量也多。

正地闪在回击放电时，其电流是非常大的。研究者对 3 个雷暴中的 37 个正地闪进行分析，得到回击峰值电流最大为 70 kA，最小为 11.5 kA，平均为 36.5 kA，其中有 40% 的回击峰值电流大于 40 kA[23]。美国科学家依据美国国家雷电定位网（nation lightning detection network）资料报道 48 次正极性闪电回击放电时的电流峰值在 20 ~ 234 kA 范围内，相应的算数平均值是 75 kA[27]。这表明正地闪放电电流通常较强。

一般情况下，对于正地闪，在发生回击放电后会有长时间的连续电流放电阶段，且它的持续放电时间能够达到 10^2 ms 的量级。而在对我国大兴安岭地区进行闪电活动的观测过程中，发现有 72.4% 的正地闪在发生回击放电之后产生了放电电流值较小的持续放电过程。它们的持续时间也不同，时间较短的大概为 11 ms，所占比例为 37.4%，35.3% 的正地闪持续时间较长，大概为 104 ms，27.1% 的正地闪持续时间超过 40 ms。它们的平均持续时间为 33.3 ms。正地闪回击放电的电流峰值可以达到 10^2 kA 量级，回击后通常伴随着一个电流值为 10^4 A 数量级的长连续电流过程，在 4 ms 时间内转移的电荷总量超过 300 C。

M 分量（M 过程）叠加在地闪回击脉冲之后相对稳定的连续电流过程中，并伴随着闪电通道发光亮度的突然增加以及电场脉冲瞬间扰动的特点。M 分量的峰值电流通常要比回击的峰值电流小，只能达到几百安培的量级，但也有很小一部分数量的 M 分量的电流峰值能够达到 10^3 安培量级的范围[28]。M 分量发生时通道亮度的增加与连续电流脉冲值（几百安培）、上升时间（几百微秒）有关。正地闪的回击放电后第一次出现的 M 电场脉冲与它之前的回击放电过程之间有一定的时间间隔，算术平均值能够达到 42 ms 的范围[29]。但在负地闪中这个平均值能够达到 52.5 ms 的范围，而 M 电场脉冲间的算术平均值为 60 ms 左右，并且一般情况下它的持续时间较小，在 10 ms 左右。图 2-4 所示为一个正地闪在回击放电后所生成的连续放电过程，并且还有使电场突变和发光通道突然变亮的 M 分量也叠加在它的上面[29]。

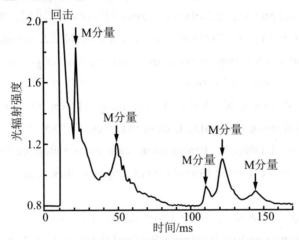

图 2-4 正地闪过程中包含多个 M 分量的连续电流的光脉冲波形图

参考文献

[1] BERGER K，VOGELSANGER E. Photographische blitzuntersuchungen der jahre 1955—1965 auf dem monte san salvatore[J].Bull. Schweiz. Elektrotech. Ver，1966，57：599.

[2] 王道洪，郄秀书，郭昌明 . 雷电与人工引雷 [M]. 上海：上海交通大学出版社，2000.

[3] COORAY V. An introduction to lightning[M]. Springer Dordrecht

Heidelberg New York London，2014.

　　[4] DWYER J R， UMAN M A. The physics of lightning[J].Phys. Rep.，2014，534：147.

　　[5] NAG A， RAKOV V A. Pulse trains that are characteristic of preliminary breakdowN In cloud-to-ground lightning but are not followed by return stroke pulses[J].Journal of Geophysical Research Atmospheres，2008，113：411.

　　[6] BAHARUDIN Z A，FERNANDO M， AHMAD N A，et al. Electric field changes generated by the preliminary breakdown for the negative cloud-to-ground lightning flashes in Malaysia and Sweden[J]. Journal of Atmospheric and Solar-Terrestrial Physics，2012，85：15-24.

　　[7] BROOK M， KITAGAWA N， WORKMAN E J. Quantitative study of strokes and continuing currents in lightning discharges to ground[J].J. Geophys. Res.，1962，67：649.

　　[8] THOMSON E M. A theoretical study of electrostatic field wave shapes from lightning leaders[J].J. Geophys. Res.，1985，90：8125.

　　[9] QIE X，KONG X . Progression features of a stepped leader process with four grounded leader branches[J].Geophys. Res. Lett.，2007，34：L06809.

　　[10] LI Q，YUAN P，CEN J，et al. The luminescence characteristics and propagation speed of lightning leaders[J].Journal of Atmospheric and Solar-Terrestrial Physics，2018，173：128-139.

　　[11] IDONE V P，ORVILLE R E .Lightning return stroke velocities in the thunderstorm research international program[J].J. Geophys. Res.，1982，87：4903.

　　[12] VISACRO S，SOARES A，SCHROEDER M A O ，et al. Statistical analysis of lightning current parameters：measurements at morro do cachimbo station[J].J. Geophys. Res.，2004，109：D01105.

　　[13] 袁萍，李琴琴，王雪娟，等 .闪电先导发展速度和发光特性研究[J]. 西北师范大学学报（自然科学版），2018，54：36-42.

　　[14] CEN J，YUANA P ，XUE S，等 . Spectral characteristics of lightning dart leader propagating in long path[J].Atmos. Res.，2015，16（165）：95-98.

[15] HAGENGUTH J H, ANDERSON J G. Lightning to the empire state building-part Ⅲ. Transactions of the American Institute of Electrical Engineers Part Ⅲ [J]. Power Apparatus & Systems, 1952, 60: 885-890.

[16] RAKOV V A, UMAN M A, THOTTAPPILLIL R. Review of lightning properties from electric field and TV observations[J].Journal of Geophysical Research, 1994, 991: 10745-10750.

[17] 郄秀书, 张其林, 袁铁, 等. 雷电物理学 [M]. 北京: 科学出版社, 2013.

[18] SABA M M F, SCHULZ W, WARNER T A, et al. High-speed video observations of positive lightning flashes to ground[J].Journal of Geophysical Research Atmospheres, 2010, 115: D24201.

[19] ZHOU H, DIENDORFER G, THOTTAPPILLIL R, et al. Characteristics of upward positive lightning flashes initiated from the Gaisberg Tower[J].Journal of Geophysical Research Atmospheres, 2012, 117（D6）: D06110.

[20] MIKI M, MIKI T, ASAKAWA A, et al. Characteristics of upward leaders of winter lightning in the coastal area of the sea of Japan[J]. IEEJ Transactions on Power and Energy, 2012, 132（6）: 560-567.

[21] WANG D, TAKAGI N. A downward positive leader that radiated optical pulses like a negative stepped leader[J].Journal of Geophysical Research Atmospheres, 2011, 116（D10）: D10205.

[22] KONG X, QIE X, ZHAO Y. Characteristics of downward leader in a positive cloud-to-ground lightning flash observed by high-speed video camera and electric field changes[J].Geophysical Research Letters, 2008, 35: L05816.

[23] 张义军, 孟青, KREHBIEL P R, 等. 正地闪发展的时空结构特征与闪电双向先导 [J]. 中国科学: 地球科学, 2006, 36（1）: 98-108.

[24] DAVID R W, MACGORMAN D R, ARNOLD R T. Positive cloud-to-ground lightning flashes in severe storms[J].Geophysical Research Letters, 2013, 8（7）: 791-794.

[25] SABA M M F, CAMPOS L Z S, PHILIP K E, et al. High-speed video observations of positive flashes produced by intracloud lightning[J].Geophysical Research Letters, 2009, 36（12）: 267-272.

[26] FENG G, QIE X, WANG J, et al. Lightning and doppler radar observations of a squall line system[J].Atmospheric Research, 2009, 91 （2-4）: 466-478.

[27] NAG A, RAKOV V A. Positive lightning: an overview, new observations, and inferences[J].Journal of Geophysical Research Atmospheres, 2012, 117（D8）: 109-118.

[28] CARVALHO F L, UMAN M A, JORDAN D M, et al. Lightning current and luminosity at and above channel bottom for return strokes and M-components[J].Journal of Geophysical Research Atmospheres, 2015, 120（20）: 645-663.

[29] CAMPOS L Z S, SABA M M F, et al. Waveshapes of continuing currents and properties of M-components in natural positive cloud-to-ground lightning[J].Atmospheric Research, 2009, 91（2-4）: 416-424.

第 3 章　闪电的光谱观测研究历程

3.1　闪电研究方法概括

　　目前，国内外研究自然闪电的方法大致可分为电磁学观测、光学观测、光谱观测和理论研究四大类[1-5]。每种方法各有其优缺点，把不同方法结合起来使用可以为闪电研究提供极为丰富的原始资料。最常用的是电磁学观测，可以通过大气场平板天线测量仪（快、慢地面电场变化仪）和旋转式（场磨）大气电场仪等设备记录闪电发生发展过程中所引起的地面电磁场变化波形[6]，分析得到闪电不同放电阶段的一些电磁学参数，并通过多站点的电、磁场观测来定位闪电发生的位置。光学观测通过获取闪电通道的高时间分辨图片，研究闪电通道的发生发展、分支分叉、总体几何形状和发光亮度等信息[7-9]。光谱观测记录闪电通道的发射光谱，分析闪电不同阶段的光谱辐射特征，也是获得放电通道特征参数和微观物理过程的唯一手段。利用光谱信息结合等离子体光谱理论、原子结构理论，可以定量计算通道内的电子温度、电子密度和电导率等物理参量，为揭示通道内部的微观物理机制提供信息[10-13]。理论研究主要是基于各种理论模型，预测闪电放电过程中各物理参数随时空的演化特征，以及各个物理参数之间的相互影响，为实验观测起到了不可缺少的指导作用。

　　闪电光学、光谱及电学观测一直是观测闪电的重要手段，它们又各有自己的优缺点。例如，光学观测和光谱观测都有自己的特色，光学观测能够清晰直观地展示闪电通道的几何形状、发光亮度及通道发展等的细微变化，时间分辨率较高。光谱观测除了能够观测光学观测所有可以观测的，还能够观测到放电通道内部各粒子的发射光谱，用这些光谱提供的信息可以研究放电通道内部的物理特性，但因为所要记录的信息量成倍增加，导致光谱观测的时间分辨率比光学观测低。如果减小所拍图片的尺寸，又不能拍摄到通道的整体面貌。总之，光学观测和光谱观测所面临的主要问题都是高速摄像机的时间分辨有限，很难记录到闪电过程中微秒量级内发生的变化。电学观测也比光学观测和光谱观测有的明显优势。一方面，电学观测所记录的电场变化能够反映闪电放电过程中电荷的转移与中和，并能确定闪电的极性；另一方面，电学观测的纳秒量级的时间分辨也是目前光学观测和光谱观测难以达到的。因此，电学观测能够分析闪电物理过程的精细变化，但电学观测不能反映通道内各物理特性及其沿通道高度的变化。可见，光学或者光谱和电学的同步观测能够相互补充，可以更加全面、更加精细地研究和分析闪电发展过程中不同物理参数的变化情况。因此，光与电的同步观测已成为研究闪电各物理过程的最佳方案。

由于闪电发生的随机性和瞬时性，其发生的时间和地点不可能被非常精准地预测到，加之其产生的大电流和强电磁辐射效应具有非常严重的破坏性，从而使表征闪电放电等离子体通道内部特征的物理参数都无法通过直接测量获得。闪电光谱能够反映放电通道内部的物理信息，所以选用光谱资料诊断闪电放电等离子体的物理参数是最佳的且行之有效的方法。

3.2　胶片相机记录的闪电光谱

Herschel[14]进行了最早的闪电光谱观测，认出氮的谱线是可见光谱中最亮的线。Holden[15]通过闪电光谱中7根谱线的相对位置记录了自己目测的结果。Schuster[16]做了对闪电光谱系统的辨认工作。他使用一台直视式光谱仪观测了 500 ~ 580 nm 的光谱区，辨认出两条单电离的氮线为 N Ⅱ 500.5 nm 和 568.1 nm。Freese[17]用装有棱镜的望远镜将闪电光谱记录在胶片上，发现近30条亮的谱线，其中也有氢元素的谱线。但由于棱镜本身固有的非线性色散，没有准确标定出波长。后来 Slipher[18]解决了这一问题，他使用狭缝光谱仪获得了闪电的照相光谱记录，且以较好的精度将波长在 383 ~ 500 nm 范围内的氮元素和氧元素谱线辨认出来，同时与实验室火花放电的光谱进行了对比。之后，研究者们将闪电光谱的观测范围提升至红外和紫外波段。Jose[19]报道了 740 ~ 880 nm 范围的近红外光谱，并发现这段谱线主要是中性氮和氧原子的辐射。Petrie 和 Small[20]将闪电光谱的观测范围延伸到 910 nm，确定了在 710 ~ 910 nm 内的所有辐射都来自中性原子。

　　从 19 世纪 70 年代到 20 世纪 50 年代，几乎所有关于闪电光谱的工作都集中于对闪电光谱谱线的辨认。直到 Salanave[21-24] 用第一台无狭缝摄谱仪实现了闪电回击光谱的观测和记录，使闪电光谱学的研究真正发生了变化。他记录了可见光区、紫外区以及红外区的闪电光谱，获得了比较详尽的闪电光谱资料。图 3-1 中给出了波长为 300 ~ 870 nm 的闪电光谱（图中标定谱线波长的单位是 Å）。可以看出，光谱是在弱连续光谱的背景上，主要由原子发射线和离子发射线组成。闪电光谱在紫外和可见波长区域，主要由单电离的氮和氧的发射谱线组成，这些谱线的激发能在 20 ~ 30 eV 之间。在近红外波长区域，主要是中性氮和氧原子的发射线，这些发射谱线相比紫外和可见光区的离子线，激发能较低，在 10 ~ 16 eV 之间。另外在闪电光谱中，还能观测氢原子的 HA、HF062 谱线等。图 3-1 是将多次记录到的闪电谱线聚集到一张图片上，比较全面地记录了闪电回击的光谱谱线，为后面关于闪电谱线辨认的工作提供了参考。至此，在闪电发射谱线的辨认和波长标定工作发展成熟之后，研究者们进一步的研究重心就是要获取时间分辨的闪电光谱，以便定性、定量地分析各闪电放电过程的物理特性。

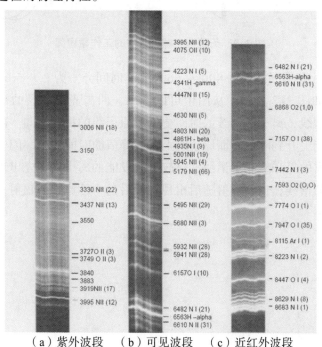

（a）紫外波段　（b）可见波段　（c）近红外波段

图 3-1　不同波段的闪电光谱

　　Orville[25-28] 将一台高速扫描照相机改装为无狭缝光谱仪，在照相机物镜前放置一块 600 刻线 /mm 的透射光栅。这个仪器并不能获得闪电全通道的光谱，只能获得一段约 10 m 的闪电通道光谱。图 3-2 为用胶片作为记录系统的无狭缝光谱仪工作原理图。闪电发出的光经过透射光栅分光并通过透镜放大后，在隔离板上呈现出光谱。在隔离板中间打开一个狭小的通道，使少部分光谱继续透过，使用透镜聚焦以后，投射在一块可以转动的三棱平面镜上，通过平面镜的反射，在胶片上成像。转动平面镜可在胶片上获得时间分辨光谱。

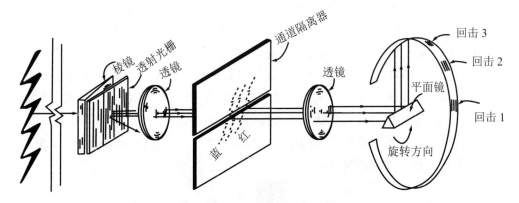

图 3-2　无狭缝光栅光谱仪的工作原理图

　　Orville 获得了波长为 400 ～ 660 nm、时间分辨为 2 ～ 5 μs 的闪电回击光谱，如图 3-3 所示。从图中可以看出，回击光谱记录的是氮离子和氢原子的谱线，离子线持续的时间要低于原子线的持续时间。离子线在短时间内就能上升到峰值，而原子线上升到峰值的时间较长。闪电回击中先出现单电离的氮和氧离子谱线，且较低激发能的离子谱线先出现，随后是高激发能的谱线；连续辐射随后出现；最后是中性原子的辐射，持续时间最长。

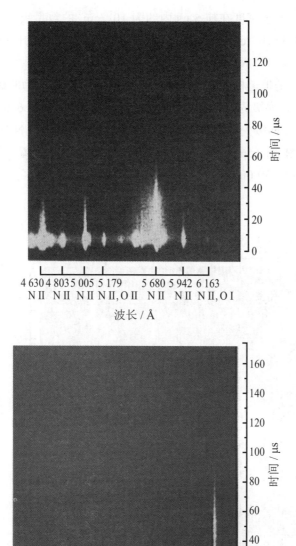

图 3-3　胶片相机记录到的闪电回击光谱

Orville 还在光学薄和局部热力学平衡的假设条件下，计算了回击通道的平均峰值温度和电子密度。给出闪电回击通道的最高峰值温度可以达到 36 000 K，电子密度在前 5 μs 内约为 $10^{18}/cm^3$ 的数量级，在 25 μs 之后下降到 1 ~ 1.5×$10^{17}/cm^3$。Orville 也讨论了回击通道内的压强、电离度等随时间的演化。

Orville 也是报道梯级先导光谱的第一人 [29]。图 3-4 为原始光谱，图中 0 时刻以下的为梯级先导的光谱。光谱波长范围为 560 ~ 660 nm，时间分辨为 20 μs。在梯级先导光谱里，记录到 N II 568.0 nm、N II 594.2 nm、O I 615.7 nm 和 H_α 656.3 nm 4 条较亮的谱线。通过两条氮离子线估算了梯级先导的温度约为 30 000 K，误差为 +5 000 K 和 −10 000 K。

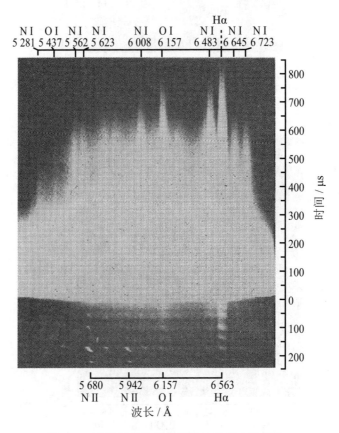

图 3-4　胶片相机记录的梯级先导的光谱图片

直窜先导发展速度较快，发光不强，导致其光谱难以获得。直到 1975 年，Orville 才记录到直窜先导光谱 [30]。图 3-5 展示了直窜先导原始光谱（图中 0 时刻下面一排光亮点），时间分辨为 9 μs，波长范围仅为 398 ~

510 nm。在直窜先导光谱中，记录到 N II 444.7 nm、N II 463.0 nm 和 N II 500.1 nm 3 条氮离子线。计算了直窜先导的温度约为 20 000 K，比回击的温度低约 10 000 K。

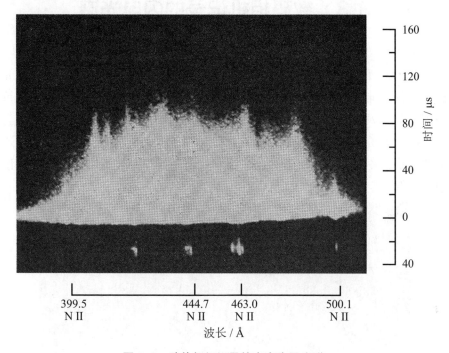

图 3-5　胶片相机记录的直窜先导光谱

在 20 世纪 60 年代到 70 年代这十几年的时间里，不止 Orville 一人，还有一大批研究者在闪电光谱方面做出了重要的贡献。他们在光谱的获取和光谱的定量分析上取得了较好的成果[31-38]。但是在之后的 40 年里，关于闪电光谱方面的工作却几乎没有[39, 40]，主要原因是观测仪器比较落后。观测闪电光谱的仪器使用的记录设备为胶片相机，其记录空间非常有限，只能记录闪电通道约几米的长度，而一般闪电通道长为 3 km，这样很难去研究闪电通道在发展过程中的物理变化，尤其对于梯级先导和直窜先导。再者，胶片相机使用胶片成像，胶片的长度决定了记录的总时长。在时间分辨如此大的条件下，胶片相机记录的总时长一般不会超过几毫秒，但是一次闪电的整个过程约为几百毫秒，这样就无法记录闪电的整个过程。在空间和时间上，都不能满足研究闪电的需求。另外，谱线在底片上的成像质量较差，定量分析时产生的误差也是较大的。

3.3 数码相机记录的闪电光谱

2002 年开始，国内袁萍等人[41-54]将普通数码摄像机组装为无狭缝光栅摄谱仪，继续对闪电光谱进行研究。通过在青海、西藏、广州等地进行的闪电光谱观测获得了闪电回击过程的时间积分光谱。如图 3-6 所示为数码摄谱仪拍摄的一次闪电回击的光谱。可以看出，它不仅能记录闪电通道的形状，还能记录整个通道的光谱，且每条谱线都较清晰地出现在光谱中，确保了定量分析时的准确度。

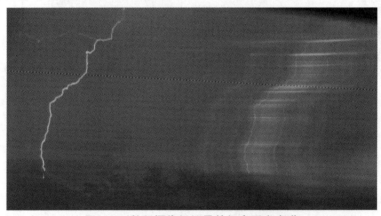

图 3-6　数码摄像机记录的闪电回击光谱

相比以往 Salanave 等人使用的胶片相机，普通数码摄像机虽然能记录整个放电通道的光谱，但普通数码摄像机的拍摄速率低，仅为每秒 50 帧，这对研究闪电瞬间放电的各物理过程来说，其时间分辨远远不够，因此只能研究放电通道在回击电流峰值时的物理特性。即使存在问题，但袁萍小组的野外闪电光谱观测工作在很大的程度上推动了闪电光谱学的发展，并且使闪电光谱的研究在国际上又一次被逐渐关注起来。

2011 年，Warner 等人[55]首次用高速摄像机作为无狭缝摄谱仪的记录系统，观测到了自然闪电梯级先导的光谱。图 3-7 所示为他们记录到的 3 张梯级先导连续光谱。由于高速摄像机的拍摄速率可以达到每秒钟几万帧，因此解决了利用普通数码摄像机作为记录系统所遇到的问题。高速摄像机的不断发展，在时间和空间上基本同时达到了闪电光谱研究的需要，为闪电光谱研究的发展提供了技术保障。此后，袁萍课题组利用以高速摄像机作为记录系统的无狭缝摄谱仪获得了闪电先导、回击、M分量、连续电流及球状闪电的光谱[56-58]。图 3-8 所示为首次用高速摄像机记录的闪电直窜先导光谱。之后，基于光谱信息和同步地面电场资料，结合等离子体光谱理论，分别研究了先导和回击等不同闪电放电过程的光谱特征及等离子体通道的传输特性[59-67]。

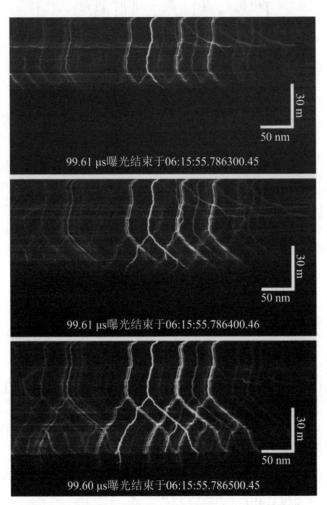

图 3-7　高速数码摄像机记录到的闪电 3 张连续光谱

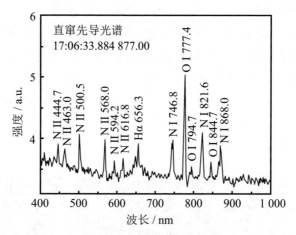

图 3-8 直窜先导的光谱

值得一提的是，在 2017 年，Walker 等人报道并分析了人工触发闪电起始阶段、直窜先导、回击和连续电流阶段的高时间分辨光谱[68, 69]。通过光谱分析，发现在回击初期可见区记录到了双电离的氮离子（N III）和氧离子（O III）谱线，在极短的时间之后双电离的离子线消失，单电离的氮离子（N II）和氧离子（O II）谱线增强。但图片记录的波长范围较小（400 ~ 700 nm）。同时，依据高时间分辨光谱对人工触发闪电通道的温度、压强等进行了计算，得到的结果与之前的研究相比有所进步。

参考文献

[1] RAKOV V A, UMAN M A. Lightning: physics and Effects[M]. Cambridge: Cambridge University Press, 2003.

[2] 郄秀书，张其林，袁铁，等 . 雷电物理学 [M]. 北京：科学出版社，2013.

[3] 武斌，张广庶，王彦辉，等 . 青藏高原东北部闪电 M 变化多参量观测 [J]. 物理学报，2013，62：189202.

[4] JERAULD J, UMAN MA, RAKOV V A, et al. Electric and magnetic fields and field derivatives from lightningstepped leaders and first return strokes measured at distancesfrom 100 to 1000 m[J].J. Geophys.

Res.，2008，113：D17111.

[5] BEASLEY W H，EACK K B，MORRIS H E，et al. Electric-field changes of lightning observed inthunderstorms[J].Geophys. Res. Lett.，2000，27：189.

[6] 张广庶，王彦辉，郄秀书，等 . 基于时差法三维定位系统对闪电放电过程的观测研究 [J]. 中国科学：地球科学，2010，40：523.

[7]WANG D，TAKAGI N，LIU X，et al. Luminosity characteristics of multiple dart leader//return strokesequences measured with a high-speed digital image system[J].Geophys. Res. Lett.，2004，31：L02111.

[8] STOLZENBURG M，MARSHALL T C，KARUNARATHNE S，et al. Luminosity of initial breakdown in lightning[J].J. Geophys. Res.，2013，118：2918.

[9] KONG X，QIE X，ZHAO Y. Characteristics of downward leader in a positive cloud-to-ground lightning flash observed by high-speed video camera and electric field changes[J].Geophys. Res. Lett.，2008，35：L05816.

[10] 袁萍，刘欣生，张义军，等 . 高原地区云对地闪电首次回击的光谱研究 [J]. 地球物理学报，2004，47：42.

[11] 欧阳玉花，袁萍，郄秀书，等 . 广东沿海地区闪电通道的温度特性研究 [J]. 光谱学与光谱分析，2007，26：1988.

[12] GUO Y X，YUAN P，SHEN X Z，et al. The electrical conductivity of a cloud-to-ground lightning discharge channel[J].Phys. Scr.，2009，80：35901.

[13] GOLDE R H .Lightning[M].London：Academic Press，1977.

[14] HERSCHEL J. On the lightning spectrum[J].Proc. R. Soc.，1868，15：61.

[15] HOLDEN E S. Spectrum of lightning[J].Am. J. Sci. Art.，1872，4：474.

[16] SCHUSTER A. On spectra of lightning[J].Proc. Phys. Soc.，1880，3：46.

[17] PICKERING E C. Spectrum of lightning[J].Astrophys. J.，1901，14：367.

[18] SLIPHER V M. The spectrum of lightning[J].Bull. Lowell. Obs.，

1917, 79: 4.

[19] JOSE P D. The infra-red spectrum of lightning[J].J. Geophys. Res., 1950, 55: 39.

[20] PETRIE W , SMALL R. The near infrared spectrum of lightning[J].Phys. Rev., 1951, 54: 1263.

[21] SALANAVE L E. The optical spectrum of lightning[J].Science, 1961, 134: 1395.

[22] SALANAVE L E, ORVILLE R E , RICHARDS C N . Slitless spectra of lightning in the region from 3850 to 6900 angstroms[J].J. Geophys. Res., 1962, 67: 1877.

[23] SALANAVE L E. The optical spectrum of lightning[M].New York: Academic Press, 1964.

[24] SALANAVE L E. The infrared spectrum of lightning[J].Inst. Elect. Electron. Engrs, 1966（10）: 55.

[25] ORVILLE R E. High-speed time-resolved slitless spectrum of a lightning stroke[J].Science, 1966, 151: 451.

[26] ORVILLE R E. A high-speed time-resolved spectroscopic study of the lightning return stroke: part I . a qualitative analysis[J].J. Atoms. Sci., 1968, 25: 827.

[27] ORVILLE R E. A high-speed time-resolved spectroscopic study of the lightning return stroke: part II . a quantitative analysis[J].J. Atoms. Sci., 1968, 25: 839.

[28] ORVILLE R E. A high-speed time-resolved spectroscopic study of the lightning return stroke: part III . a time-dependent model[J].J. Atoms. Sci., 1968, 25: 852.

[29] ORVILLE R E. Spectrum of the lightning stepped leader[J].J. Geophys.Res., 1968, 73: 6999.

[30] ORVILLE R E. Spectrum of the lightning dart leader[J].J. Atmos. Sci., 1975, 32: 1829.

[31] UMAN M A, ORVILLE R E. Electron density measurement in lightning from stark broadening of H_{α}[J].J. Geophys. Res., 1964, 69: 5151.

[32] UMAN M A, ORVILLE R E, SALANAVE L E. The density,

pressure, and particle distribution in a lightning stroke near peak temperature[J].J. Atoms. Sci., 1964, 21: 306.

[33] UMAN M A. The peak temperature of lightning[J].J. Atmos. Sol. Terr. Phys., 1964, 26: 123.

[34] MEINEL A B, SALANAVE L E. N^{2+} emission in lightning[J].J. Atoms. Sci., 1964, 21: 157.

[35] SALANAVE L E, BROOK M. Lightning photography and counting in daylight, using H_α emission[J].J. Geophys. Res., 1965, 70: 1285.

[36] UMAN M A, ORVILLE R E . The opacity of lightning[J].J. Geophys. Res., 1965, 70: 5491.

[37] UMAN M A. Determination of lightning temperature[J].J. Geophys. Res., 1969, 74: 949.

[38] KRIDER E P. Lightning spectroscopy[J].Nucl. Instrum. Meth., 1973, 110: 411.

[39] ORVILLE R E, HENDERSON R W.Absolute spectral irradiance measurements of lightning from 375 to 880 nm[J].J. Atmos. Sci., 1984, 41: 3180.

[40] WEIDMAN C, BOYE A, CROWELL L. Lightning spectra in the 850 to 1400 nm near-infrared region[J].J. Geophys.Res., 1989, 94: 13249.

[41] 袁萍, 刘欣生, 张义军, 等 . 闪电首次回击过程的光谱特性 [J]. 高原气象, 2003, 22: 235.

[42] 袁萍, 刘欣生, 张义军 . 与闪电过程有关的 N II 离子光谱 [J]. 光谱学与光谱分析, 2004, 24: 288.

[43] 袁萍, 郄秀书, 吕世华, 等 . 一次强云对地闪电首次回击过程的光谱分析 [J]. 光谱学与光谱分析, 2006, 26: 733.

[44] 张华明, 袁萍, 苏茂根, 等 . 人工触发闪电通道的导电特性 [J]. 光谱学与光谱分析, 2007, 27: 1929.

[45] 王杰, 袁萍, 张华明, 等 . 闪电放电通道等离子体成分及相关特性的研究 [J]. 光谱学与光谱分析, 2008, 28: 2003.

[46] 赵学燕, 袁萍, 郭逸潇, 等 . 闪电消散过程等离子体温度衰减规律的理论研究 [J]. 物理学报, 2009, 58: 3243.

[47] 王杰，袁萍，郭凤霞，等．云闪放电通道的光谱及温度特性 [J]. 中国科学 D，2009，39：229.

[48] GUO Y，YUAN P，SHEN X，et al. Calculation on the electrical conductivity of lightning discharge plasma[J].Phys. Scr.，2009，80：35901.

[49] CHANG Z，YUAN P，ZHAO N. Study on the transport characteristics of cloud lightning[J].Phys.Plasmas，2010，17：113514.

[50] 张景川，袁萍，欧阳玉花．雷声在大气中传播的吸收衰减特性研究 [J]. 物理学报，2010，59：8287.

[51] 王杰，袁萍，郭凤霞，等．云闪放电通道内的粒子密度及分布特征 [J]. 地球物理学报，2010，53：1295.

[52] CEN J，YUAN P，QU H，et al. Analysis on the spectra and synchronous radiated electric field observation of cloud-to-ground lightning discharge plasma[J].Phys. Plasmas，2011，18：113506.

[53] 瞿海燕，袁萍，张华明，等．闪电放电过程的近红外光谱及温度沿通道的演化特征 [J]. 地球物理学报，2012，55：2508.

[54] 董向成，袁萍，许鹤，等．闪电放电等离子体的温度诊断 [J]. 西北师范大学学报，2013，49：38-42.

[55] WARNER T A，ORVILLE R E，MARSHALL J L，et al. Spectral （600 ～ 1050 nm）time exposures（99.6 ms）of a lightning stepped leader[J].J. Geophys. Res.，2011，116：D12210.

[56] CEN J，YUAN P，XUE S，et al. Spectral characteristics of lightning dart leader propagating in long path[J].Atmospheric Research，2015，165：96-98.

[57] XUE S，YUAN P，CEN J，et al. Spectral observations of a natural bipolar cloud-to-ground lightning[J].J. Geophys.，Res. Atmos.，2015，120：1972-1979.

[58] CEN J，YUAN P，XUE S. Observation of the optical and spectral characteristics of ball lightning[J].Phys. Rev. Lett.，2014，112：35001.

[59] AN T，YUAN P，WAN R，et al. Conductivity characteristics and corona sheath radius of lightning return stroke channel[J].Atmospheric Research，2021，258：105649.

[60] 刘国荣，安婷婷，万瑞斌，等．依据光谱研究闪电回击通道核心

的特征参数 [J]. 光谱学与光谱分析，2021，41：3269-3275.

[61] ZHAO J，YUAN P，CEN J，et al. Characteristics and applications of near-infrared emissions from lightning[J].Journal of Applied Physics，2013，114：163303.

[62] XU H，YUAN P，CEN J，et al. The changes on physical characteristics of lightning discharge plasma during individual return stroke process[J].Physics of Plasmas，2014，21：33512.

[63] WANG X，YUAN P，CEN J，et al. Thermal power and heat energy of cloud-to-ground lightning process[J].Physics of Plasmas，2016，23：73502.

[64] LIU G，YUAN P，AN T，et al. Using saha-boltzmann plot to diagnose lightning return stroke channel temperature[J].J. Geophys. Res. Atmos.，2019，124（8）：4689-4698.

[65] WANG H，YUAN P，CEN J，et al. Study on the luminous characteristics of a natural ball lightning[J].Appl. Phys. Lett.，2018，112：64103.

[66] AN T，YUAN P，LIU G，et al. The radius and temperature distribution along radial direction of lightning plasma channel[J].Phys. Plasmas，2019，26：13506.

[67] ZHANG M，YUAN P，LIU G，et. al. The current variation along the discharge channel in cloud-to-ground lightning[J] Atmospheric Research 2019, 225, 121-130.

[68] WALKER T D，CHRISTIAN H J .Triggered lightning spectroscopy：part 1. a qualitative analysis[J].J. Geophys. Res. Atmos.，2017，122：8000-8011.

[69] WALKER T D，CHRISTIAN H J.Triggered lightning spectroscopy：part 2. a qualitative analysis[J].J. Geophys. Res. Atmos.，2019，124：3930-3942.

第 4 章 闪电原子光谱观测的仪器和设备

　　光与物质相互作用会引起物质内部原子或分子能级间的电子跃迁，从而使物质对光的吸收、发射、散射等在波长及强度信息上发生变化。光谱仪是检测这些变化的仪器。它能测定被研究的光的光谱组成，包括波长、强度和轮廓等。它的基本功能就是将成分复杂的复色光，在空间上分解为不同波长的光谱线，最后在记录设备上得到光谱线波长和谱线强度等信息，并得到光谱图。由于其具有分析精度高、测量范围大等优点，已在科研、检测等方面广泛应用[1-3]。

　　光谱仪有多种类型，按色散元件的不同可以分为光栅光谱仪和棱镜光谱仪。棱镜光谱仪的工作范围受到棱镜材料的限制，与之相比，光栅光谱仪的波长更宽，色散率和分辨率更高，所以利用光栅作为色散元件的光栅光谱仪已成为主要的光谱分析仪器。

　　光谱仪是用于分解和记录光谱的仪器，它通常由入射狭缝、准直透镜、分光装置和记录系统几部分组成。根据色散元件和分光原理的不同，常见的有棱镜光谱仪、光栅光谱仪，还有利用干涉原理的傅里叶变换光谱仪等。近年来，随着光栅刻划和复制技术的发展，用光栅作为色散元件的光谱仪被越来越广泛地用于各种实验及研究工作中。与棱镜相比，光栅的色散更大，有许多独特的优点，而且可以通过提高刻线密度、利用高谱级的办法提高色散率。另外，以电荷耦合器件为记录装置的第三代光谱仪在光谱的记录和分析方面有更多的优越性。

4.1 光栅分光原理

　　光经过平面光栅后发生干涉和衍射效应。干涉影响主极大的位置，即光谱线的位置。光栅常数确定后，极大的位置就确定了。光栅刻线的衍射花样不会影响极大的位置，只影响各个极大的强度，即光谱线的强度。主极大由下面的式子决定[4]。

$$d\left(\sin i \pm \sin\theta\right)=k\lambda, \quad k=0, \pm1, \pm2,\cdots \qquad (4-1)$$

此式即为光栅方程。其中，d 是光栅常数，i 为入射角，θ 为衍射角，λ 为谱线波长。从光栅方程可知，当一束光入射时，衍射角 θ 的大小与入射光的波长有关。如果入射光是复色光，通过光栅分光后，以中央亮纹为中心，各级亮纹由紫到红、由内而外排列，构成衍射光谱。k 的每一个值对应着不同级大的光谱。$k=0$ 时，对应于中央主极大亮纹，即零级光谱。$k=1$ 时，对应于一级光谱。一级光谱中，谱线是按波长由短到长向远离主极大的位置排列的。$k=2$，3，…时，分别对应二级、三级等光谱后面级次的光谱。图 4-1 展示了一束复色光通过平面光栅后的分光图。

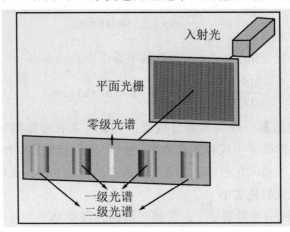

图 4-1　光栅分光图

通常光谱仪的质量指标以色散率、分辨本领和聚光本领 3 个基本量来衡量。此外，光谱仪的光谱透射率、自由光谱范围和测量波长的精密度和准确度也是很重要的性能指标[5-7]。

4.1.1　色散率

光谱仪的色散率是指波长间隔为 $\Delta\lambda$ 的两列单色光，经光谱仪分解后引起的方向的差别，常用角色散率 $\Delta\theta/\Delta\lambda$ 和线色散率 $\Delta l/\Delta\lambda$ 两种方式来描述。其中，$\Delta\theta$ 是分解后两束光线的夹角，而 Δl 则是此两条光谱线在像平面上的距离。

在光栅产生的衍射花样中，每个主极大的衍射角 θ 与波长 λ 有关，除零级（中央极大）外，各种不同的波长所产生的主极大对应不同的 θ 角，即产生色散。由式（4-1）可得，光栅的角色散率为

$$\frac{\mathrm{d}\theta}{\mathrm{d}\lambda} = \frac{k}{d\cos\theta}, \qquad (4-2)$$

而光栅摄谱仪的线色散率等于

$$\frac{\mathrm{d}l}{\mathrm{d}\lambda} = f_2\frac{\mathrm{d}\theta}{\mathrm{d}\lambda} = \frac{kf_2}{d\cos\theta}。 \qquad (4-3)$$

其中，f_2 是成像透镜的焦距。如，在可见和近紫外区域中，一般使用每毫米 600 条的普通光栅，其光栅常数为

$$d = \frac{1}{600}\,\mathrm{mm} = 1.67\times10^3\,\mathrm{nm}。 \qquad (4-4)$$

因此，光栅一级光谱（k=1）的角色散率等于

$$\frac{\mathrm{d}\theta}{\mathrm{d}\lambda} = 6\times10^{-4} / \cos\theta \geq 6\times10^{-4}\,\mathrm{rad} / \mathrm{nm}。 \qquad (4-5)$$

光栅的色散率一般大大超过棱镜，只有在波长很短的紫外光区域，石英棱镜的色散率才可以和光栅相比。另外，光栅的色散率和谱级成正比，采用高谱级可获得大色散率，如果用高级次的光栅光谱，光栅的色散率还是大于一般棱镜的色散率。

在法线附近（θ 角很小），光栅光谱的色散率差不多是一个常数，这时光栅称为正常光栅或线性光栅。棱镜光谱的色散率随波长的改变会有显著的不同。线性光栅的情况下，谱线的辨认比较容易，这是光栅的一个优越性。

4.1.2 分辨本领

从理论上讲，光谱线并不是严格的几何线，在大色散高分辨率光谱仪中它会显示出本身固有的物理轮廓。分辨本领是光谱仪的另一个重要的质量指标。它表征仪器分开两条极为靠近的光谱线的能力。光谱仪的分辨本领越高，它可以分辨的波长间隔越小。若摄谱仪能分开两条光谱线的最

小波长间隔为 $\Delta\lambda$，该两条谱线的平均波长为 λ，那么分辨率定义为

$$R' = \frac{\lambda}{\Delta\lambda}。 \qquad (4-6)$$

1. 光栅的理论分辨率

因为光栅的宽度有限，所以平行光入射后，即使在一个衍射方向的出射光，经过透镜会聚后，也不会严格聚焦于一点，而是形成一个亮斑（衍射花样）。它对透镜中心所张的角称为谱线的半角宽度 $\Delta\theta_1$，对 k 级光谱来讲，$\Delta\theta_1$ 由下式决定：

$$\sin(\theta + \Delta\theta_1) - \sin\theta = \frac{(kN+1)\lambda}{Nd} - k\frac{\lambda}{d} = \frac{\lambda}{Nd}。 \qquad (4-7)$$

其中，N 是光栅的刻线总数。

由于 $\Delta\theta_1$ 的值不大，故，式（4-7）可以写为 $\sin(\theta + \Delta\theta_1) - \sin\theta = \Delta(\sin\theta) = \cos\theta \cdot \Delta\theta_1 = \frac{\lambda}{Nd}$，即

$$\Delta\theta_1 = \frac{\lambda}{Nd\cos\theta}。 \qquad (4-8)$$

对于一、二级光谱，衍射角 θ 很小，$\Delta\theta$ 近似地正比于波长间隔 $\Delta\lambda$（称为匀排光谱）。两个波长为 λ 与 $\lambda+d\lambda$ 的光经过光栅衍射后，所产生光谱线的位置之间相差的角度（角距离）为

$$\Delta\theta = \frac{\mathrm{d}\theta}{\mathrm{d}\lambda}\Delta\lambda = \frac{k}{d\cos\theta} \cdot \Delta\lambda。 \qquad (4-9)$$

根据瑞利判据，当 $\Delta\theta \geqslant \Delta\theta_1$ 时，这两条谱线是可以分辨的，所以，刚好能够分辨的最小波长差（分辨率）为

$$R' = \frac{\lambda}{\Delta\lambda} = kN = kW \cdot \frac{1}{d}, \qquad (4-10)$$

其中，W 表示光栅的刻划宽度。由此可见，分辨本领与光栅的刻线总数成正比，并且随光谱级数的增加而增加。

从式（4-10）可知，光栅可能分辨的最小波长差为

$$\Delta\lambda = \frac{\lambda}{kN}。 \qquad (4-11)$$

本工作试验所用的光栅长 8 cm，每毫米 600 条，共有 N=48 000 条刻

线，它的一级光谱的分辨率为 48 000，即对于波长 500 nm 的可见光，它能分辨的最小波长差 $\Delta\lambda$ 为 0.01 nm；二级光谱的分辨率为 96 000，对于波长 500 nm 的可见光，它能分辨的最小波长差 $\Delta\lambda$ 为 0.005 nm。

2. 光栅的极限分辨率

由式（4–11）似乎可以认为，光栅的理论分辨率可用增加刻线密度和使用高谱级的方法来无限提高，实际上不成立。利用光栅方程，分辨率可以表示为

$$R' = kN = \frac{Nd}{\lambda} \cdot \left(\sin i \pm \sin \theta \right), \qquad （4–12）$$

其中，$Nd=W$ 是光栅总的刻划宽度，又因 $\sin i \pm \sin \beta \leqslant 2$，所以，光栅分辨率的极限值为

$$R' = 2W / \lambda, \qquad （4–13）$$

例如，本工作所用的刻划宽度为 80 mm 的光栅，对波长 500 nm 谱线的极限分辨率为 320 000，即，能分辨的极限波长间隔为 $\Delta\lambda=0.001\ 6$ nm。

实际中，由于衍射效应，可能达到的分辨本领比式（4–10）给出的要小 3 ~ 4 倍，这就意味着对于一级光谱中波长在 500 nm 附近的两条光线，只有 $\Delta\lambda \geqslant 0.03$ nm 时才能分辨。

3. 光栅光谱仪的分辨率

光栅光谱仪的分辨率定义为

$$R_{仪} = \lambda / \delta_0\lambda, \qquad （4–14）$$

其中，$\Delta_0\lambda$ 是光谱仪的最小线宽，以波长为单位。

光栅光谱仪光谱焦面上的最小线宽是单色光由狭缝衍射，在焦面上形成的衍射宽度，它与光谱仪参数的关系为

$$W_{衍} = \lambda \left(f / D \right), \qquad （4–15）$$

其中，f 是光谱仪焦距，D 是物镜直径，D/f 是光谱仪的相对孔径。

衍射宽度是单色光在焦面上的几何宽度，它与光谱宽度的关系为

$$\delta_0\lambda = W_{衍} \cdot \mathrm{d}\lambda / \mathrm{d}l = \lambda \left(f / D \right) \cdot \mathrm{d}\lambda / \mathrm{d}l 。 \qquad （4–16）$$

于是，可以得到光谱仪的理论分辨率为

$$R_{役} = kD \cdot \frac{1}{d} \cdot \frac{1}{\cos\theta} \qquad （4-17）$$

在法线附近，$\beta \approx 0$，即 $\cos\beta \approx 1$。所以，光谱仪的理论分辨率为

$$R_{仪} = kD \cdot \frac{1}{d} \qquad （4-18）$$

比较式（4-10）和式（4-11）式可以看出，光栅的理论分辨率和光栅光谱仪的理论分辨率都正比于光谱谱级和光栅的刻线密度，不同的是，光栅的理论分辨率还正比于它的刻划宽度，而光栅光谱仪的理论分辨率正比于它的物镜直径。实际应用中，光谱仪的分辨本领除了受分光装置分辨本领的限制，还受到很多因素的影响，如狭缝的宽度、光束的宽度、照相透镜的焦距、光学系统的像差、胶片或其他记录仪器的分辨本领等。

4.1.3　聚光本领

光谱仪的聚光本领表征仪器有效利用光强的能力。对于不同的记录手段，聚光本领有不同的表示：用照相方法时，以照度表示，即单位面积上的光通量，照相干板上的黑度是照度的反映；用光电接受方法时，则以光通量来表示，即将光电倍增管检测到的光的总通量作为强度。

光谱仪焦面上的谱线强度（照度）除了与光源辐射的强度有关，还与光谱仪的相对孔径（即光谱仪的 f 数）有关。相对孔径是光谱仪的重要性能指标之一，它代表光谱仪传递光强的能力。相对孔径越大，谱线的照度越大。在理想单色光及光谱仪简单成像的假定条件下，谱线的照度强度不随狭缝宽度改变，但缝宽会使谱线的像成正比例增宽，并使光通量强度正比增大。因此，摄谱法中增大狭缝宽度时，谱线的黑度不变；而用光电设备记录时，增大缝宽会使谱线强度正比增大。

4.2　实验设备

在获取闪电这种特殊光源的光谱时，需要使用无狭缝光栅摄谱仪。图 4-2 给出了无狭缝光栅光谱仪的示意图。

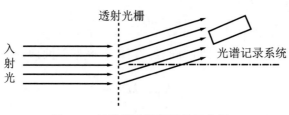

图 4-2　无狭缝光栅摄谱仪示意图

闪电放电通道是一个狭长的光源，由于通道直径远远小于观测距离，因此，可以将它看作是相对于光栅无限远的线光源，在获取闪电光谱时，取消光谱仪中的专用狭缝，将通道本身作为有效狭缝，如图 4-2 所示。这样，得到的衍射花样就是实际闪电通道所成的像，即每条谱线的形状与原通道完全相同。与狭缝摄谱仪相比，无狭缝光谱仪在研究闪电的光谱时具有更大的优越性。它具有以下特点。

第一，闪电光谱的观测距离一般都在 1 km 以外，利用通常的狭缝摄谱仪，一次闪电的进光量往往不足，难以得到可以分辨的光谱。因此，在早期利用狭缝摄谱仪进行的闪电光谱试验中，都是对一次雷暴过程中的多次闪电累计曝光，这样，记录到的光谱信息是多次闪电过程的累计效应，而各个闪电以及每个闪电的单次回击之间的物理差异都被掩盖，所以，无法研究具体闪电放电过程中的物理特性。取掉入射狭缝以后，无狭缝摄谱仪有足够的进光量，对单次回击曝光就能够得到可以分辨的光谱。因此，可用于研究闪电放电过程中不同阶段的物理特征，也可获得高时间分辨的闪电光谱，进而与同步的电学观测相结合，探讨通道物理特性及其随时间的变化。

第二，闪电回击过程中，强大的回击电流通过通道传向大地，从而形成一个高温、高压的等离子体通道。因此，通道的尺度（也称闪击直径）是反映放电强度等特性的一个重要参数，根据物理意义和观测手段的不同，通常有 3 种意义上的闪击直径，即根据电离范围定义的电晕层直径、根据光学定义的可见回击直径和根据电导率和电流密度定义的电弧通道直径。

电晕层直径的观测比较困难，目前为止没有见到这方面的报道，通常可以通过闪击电位或先导中的电荷密度、空气密度和电离电晕层的平均场强估算得到，它的值一般在几米至 20 m 或 40 m 的范围。

可见回击直径最直观的估算方法就是通过光学照相，但受通道周围散射光的影响，观测到的直径一般偏大。无狭缝摄谱仪的有效狭缝宽度就是光源本身的宽度，因此，可以通过零级光谱的线宽，估算闪电通道的直径。一般的平面光栅，即非闪耀光栅的光强主要分布在零级，它的一级、二级光谱强度很低。为了提高光强的利用率，实际应用中采用的一般都是闪耀光栅。闪耀光栅是在光栅制作过程中，通过改变光栅工作面的微观形状调整光强的分布。由于闪耀光栅将零级光谱的一部分能量转移到一级、二级光谱中的某一个波长附近，使光栅光谱在闪耀波长处的强度最大，而它附近波长范围的强度也比较大，从而使光谱质量得到提高。同时，闪耀光栅又有利于在闪电观测中估计通道的可见直径。零级强度的减小可以在一定程度上消除散射光的影响，所以，通过光谱观测得到的可见直径比直接的光学观测更为可靠。更重要的是，闪电光谱的研究对象是放电通道内部的等离子体，通道直径是表示等离子体所在空间尺度的一个参量，它与通道的温度、压力以及相应的电学参量都有密切的联系。因此，利用光栅光谱仪在观测闪电光谱的同时记录通道的直径，这在闪电特性的研究中更具有物理意义。从理论上讲，通道就是产生光谱辐射的等离子体存在的空间，如果能够知道产生光谱辐射的激发态离子的数密度，就可以计算出通道的直径；电弧通道直径包括了光学直径中所有的纵向电流细丝，其大小主要取决于脉冲电流的持续时间，一般，有效电弧直径远远小于光学直径。

第三，通道不同高度的电学参量、热力学参量都有所变化，导致在闪电放电通道不同位置的物理特性有一定的差异，电学观测手段的空间分辨能力一般比较低，不能记录相应的观测量在通道附近不同高度的差异。无狭缝摄谱仪可以在一定距离内记录云外全通道的光谱，从而便于研究通道性质随高度的变化，通过对不同高度上光谱结构、谱线相对强度、持续时间等特性的比较，来研究通道的温度、压力等特性参数随高度的变化。

4.2.1   高速摄谱仪

高速摄谱仪主要由高速数字摄像机和透射光栅组成。它是依据图 4-2 中的原理改装而成的。记录系统为美国 Phantom 公司生产的高速数字摄像机，图 4-3 展示了两种型号的高速摄像机。

图 4-3　高速数字摄像机 M310 和 v1212 实物图

　　M310 采用独特的 1 280×800 CMOS 传感器，满幅拍摄速率为 3 260 帧 / 秒，最高拍摄速率可达到 650 000 帧 /s，具有超高灵敏度（ISO-12232 SAT）：13 000（黑白）。20 ns 的时间精度，使其具有更高的帧速率、帧同步及曝光精度。两次曝光最小时间间隔为 500 ns，没有图像滞后。可在 1 帧图像中设置 2 种曝光时间，有效避免炫光过程中强光对成像的影响。具有较大的存储容量，能够满足长时间记录的需要。具有模拟视频输出，可连接模拟和数字监视器实时拍摄图像，也可远程控制图像。

　　v1212 采用独特的 1 280×800 CMOS 传感器，满幅拍摄速率为 12 600 帧 / 秒，最高拍摄速率可达到 820 500 帧 /s，具有超高灵敏度（ISO-12232 SAT）：160 000（黑白）。两次曝光最小时间间隔为 550 ns，没有图像滞后。可在 1 帧图像中设置 2 种曝光时间，有效避免炫光过程中强光对成像的影响。具有较大的存储容量（8 TB），能够满足长时间记录的需要。具有模拟视频输出，可连接模拟和数字监视器实时拍摄图像，也可远程控制图像。两款高速相机的详细参数如表 4-1 所示。

表 4-1　高速数字摄像机参数

相机型号	M310	v1212
最高分辨率 @ 拍摄速率	1 280×800 @3 260 帧 /s	1 280×800 @12 600 帧 /s
最高拍摄速率	650 000 帧 /s	820 500 帧 /s
传感器参数	像素数：1 280×800 像素大小：20 μm 传感器尺寸（mm）：25.6×16.0 图像深度：12 位 灵敏度：13 000 黑白 连续可调分辨率：64×8	像素数：1 280×800 像素大小：28 μm 传感器尺寸（mm）：35.8×22 图像深度：12 位 灵敏度：160 000 黑白 连续可调分辨率：128×16

续表

相机型号	M310	v1212
最小曝光时间	1 μs	1 μs
内存容量 / 分区	12 GB，最多 16 个分区	72 GB/288 GB
闪存大小	240 GB	8 TB
记录时间	1280×800@3260 帧 /s：2.57 s	1280×800@12600 帧 / 秒：约 12 s
EDR 曝光控制	1 帧图像可设置 2 种曝光时间	1 帧图像可设置 2 种曝光时间
自动曝光控制	自适应调节曝光时间	自适应调节曝光时间
快门类型	电子快门；全域	电子快门；全域
通讯接口	千兆以太网	千兆以太网，10 GB 以太网
触发	触发点可控（前 / 后触发记录）；软件触发；硬件触发	触发点可控（前 / 后触发记录）；软件触发；硬件触发；远程触发
时间精度 / 帧同步	时间精度：20 ns（支持内部 / 外部时钟源）	时间精度：20 ns
软件	Phantom Camera Control 软件：相机设置、分析回放、运动分析、图像处理、文件管理及格式转换	Phantom Camera Control 软件：相机设置、分析回放、运动分析、图像处理、文件管理及格式转换
文件格式	Cine、AVI、TIFF、BMP、PCX、TGA、LEAD、JPEG、JTIF、RAW、DNG、DPX	Cine、AVI、TIFF、BMP、PCX、TGA、LEAD、JPEG、JTIF、RAW、DNG、DPX
时间标记	自动逐帧标记时间	自动逐帧标记时间
记录	前 / 后触发：任意点，连续 / 多段	前 / 后触发：任意点，连续 / 多段

　　高速摄谱仪的另一个主要元件为透射光栅，其长为 8 cm，宽为 4 cm，厚度为 1 cm。光栅刻线为每毫米 600 条，刻划面积为 32 cm^2，总共有 48 000 条刻线。光经过它分光后形成的一级光谱分辨率为 48 000，即对于波长 500 nm 的可见光，它能分辨的最小波长差为 0.01 nm。二级光谱的分辨率为 96 000，对于波长 500 nm 的可见光，它能分辨的最小波长差为 0.005 nm。

　　高速摄谱仪在实验中采用 20 mm 焦距的尼康镜头，光圈数会随不同天气造成的不同背景进行调整。高速摄谱仪在满幅拍摄的情况下，最长只能记录约10s的时间。所以它不能连续拍摄，只能通过手动触发来记录闪电。实验中，操作人看到的视野应与高速摄谱仪的视野一致。当闪电发生时，操作人眼睛看到闪电时应立即触发高速摄谱仪。触发之后，高速摄谱仪可以记录到操作人按下触发的时间之前或之后的过程。由于操作人看到闪电时，闪电已经发生，所以一般把操作人触发的时间点选在整个记录时间的中间，这样就可以将整个闪电过程全部记录下来。

通常，闪电全过程不到 1 s，而具体到每一个过程，比如回击发生时只有不到 1 ms 的时间 [8]，这就要求实验中，高速摄谱仪要尽量采用高的拍摄速率。但是高速摄谱仪拍摄速率与拍摄图片尺寸是成反比的。表 4-2 列出了不同拍摄图片尺寸下对应的拍摄速率。高速摄谱仪图片的尺寸是可以手动设置的。实验中，必须同时考虑这两个参数的调整。假如提高了拍摄速率，那么图片尺寸会减小，高速摄谱仪的视野也会随之缩小，不容易拍摄到闪电，即使拍到闪电，也有可能通道不够完整；而如果把图片尺寸放在最大参数下，这样高速摄谱仪的视野会扩大，可以容易拍摄到较多闪电，但是拍摄速率会下降，对分析闪电及光谱的时间演化不利。在实验中，可将 M310 的拍摄速率调为 11 816 帧 /s，此速率下图片尺寸为 768×352，曝光时间为 84 μs。在此调节下，拍摄的图片既能满足空间上对闪电全通道的观测，也能满足时间上对闪电研究的要求。

表 4-2　不同图片尺寸下对应的拍摄速率

拍摄图片尺寸 / 分辨率	M310 拍摄速率 / (帧·s^{-1})	v1212 拍摄速率 / (帧·s^{-1})
1 280×800	3 260	12 600
1 280×720	3 630	14 000
640×480	10 100	34 700
512×512	11 500	39 500
256×256	39 700	103 600
128×64	226 300	415 500
128×16	—	820 500
128×8	650 000	—

图 4-4 是利用高速摄谱仪记录的一张光谱图片。可以看到，它记录了原始闪电通道和一级光谱。一级光谱的各条谱线的形状和闪电通道的形状是一样的，这就是无狭缝摄谱仪拍摄闪电时的优点。高速摄谱仪拍摄的闪电光谱的波长范围为 400 ~ 1 000 nm，延伸到了近红外波段。

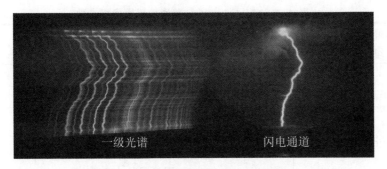

图 4-4　高速摄谱仪拍摄的闪电光谱图片

4.2.2　普通摄谱仪

普通摄谱仪改装原理与高速摄谱仪是一样的，它们的区别是记录设备不同，记录的方式也不一样。普通摄谱仪采用的记录系统是 Panasonic 公司生产的数码摄像机（NV-GS400GC），如图 4-5 所示。

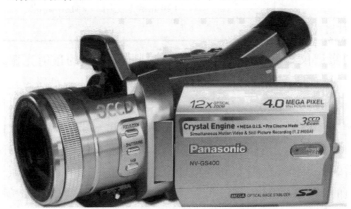

图 4-5　普通数码摄像机实物图

该相机拥有 410 万像素的静态像素，是静像解析度较高的数码摄像机；采用了 12 倍光学变焦的徕卡 Dicomar 镜头，焦距在 3.3 ~ 39.6 mm 范围，光圈值为 F1.6，采用控制色差的低分散透镜，有效减少了影像的闪烁和重叠；采用了宽开角度为 120° 的 3.5 in（1 in=25.4 mm）、20 万像素的高清晰度 LCD 液晶显示屏，其数字成像系统为 3 片 1/4.7 in 的 CCD 影像感应器。详细参数如表 4-3 所示。

表 4-3　NV-GS400GC 普通数码摄像机参数

最高分辨率 @拍摄速率	640×480 @50 帧 /s
像素数	307 200
最高拍摄速率	50 帧 /s
3CCD 传感器参数	像素数：640×480 像素大小：4 μm 传感器尺寸（mm）：1/4.7 英寸 图像深度：12 位
曝光时间	1/50 s，1/100 s，1/180 s，1/500 s，1/1 000 s
镜头	自动光圈，F1.6 焦距：3.3 ~ 39.6 mm
麦克风	4ECM（电解容麦克风）
录音系统	12/16 比特 PCM 数码立体声
存储介质	6.35　mm 数码视频磁带；SD/MMC 存储卡
记录方式	连续摄像记录
记录时间	SP：80 min（使用 DVM80 磁带） LP：120 min（使用 DVM80 磁带）
文件格式	JPEG

　　普通摄谱仪与高速摄谱仪使用的都是同一类型的透射光栅，光栅参数是一样的。普通摄谱仪可以通过磁带来连续记录，一盘磁带记录时间约为 80 min。视频可以导为图片格式，一秒的视频可以导出 50 张图片，即拍摄速率为 50 帧 / 秒。图片分辨率为 640×480。图 4-6 所示为普通摄谱仪拍摄的彩色闪电光谱图片。可以看出，它记录了闪电通道和一级光谱。一级光谱的各条谱线的形状和闪电通道的形状是一样的，且各条谱线是从波长较短的紫色依次排列到波长较长的红色区域。普通摄谱仪拍摄的闪电光谱的波长范围在 400 ~ 690 nm 可见光区域。

图 4-6　普通摄谱仪拍摄的闪电光谱图片

4.2.3　八通道光纤光谱仪

八通道光纤光谱仪通常用于实验室等离子体发射光谱的测量中。八通道光纤光谱仪进行改装后可用来测量闪电光谱。它是荷兰 Avantes 公司生产的光谱仪，型号为 AvaSpec-ULS2048-8-USB2，如图 4-7 所示。

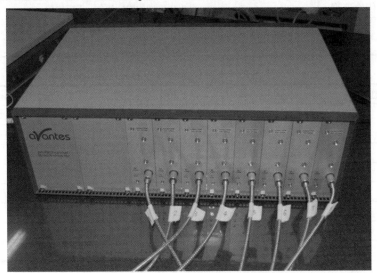

图 4-7　八通道光纤光谱仪实物图

八通道光纤光谱仪基于 AvaBench-75 光学平台，采用对称式 Czerny-Turner 光路设计，带有 2 048 个像素的 CCD 探测器阵列。光谱仪包括光纤接头（标准 SMA 接口）、准直镜、聚焦镜和衍射光栅，不同色散系数和闪耀波长的光栅组成 8 个通道，测量波长范围为 200 ~ 1 100 nm。其详细技术参数如表 4-4 所示。

表 4-4　八通道光纤光谱仪的技术参数

光谱仪型号	AvaSpec-ULS2048-8-USB2
光学平台	对称式 Czerny-Turner 光路设计，75 mm 焦距
波长范围	200 ~ 1 100 nm
分辨率	0.05 ~ 0.13 nm
采样速度	1.1 ms/ 每次采样
最高采样速率	900 幅 /s
杂散光	<0.1%
灵敏度	20 000（16 位 AD 转换卡）

续表

探测器	CCD 线阵，8×2 048 像素
信噪比	200 : 1
AD 转换卡	16 位，1.5 MHz
积分时间	1.1 ms ~ 10 min
接口	高速 USB 2.0，480 Mb/s
数据传输速度	1.8 ms/ 每次采样
I/O 接口	HD-26 接口，2 路模拟输入，2 路模拟输出，3 路数字输入，12 路数字输出，触发，同步

表 4-5   八通道光纤光谱仪各通道的测量范围和分辨率

通道	光栅	光谱测量范围 /nm	分辨率 /nm
1	UE 光栅，2 400 线 /mm	200 ~ 317	0.09
2	UE 光栅，2 400 线 /mm	315 ~ 417	0.07
3	UE 光栅，2 400 线 /mm	416 ~ 500	0.06
4	UE 光栅，2 400 线 /mm	499 ~ 566	0.05
5	VD 光栅，1 800 线 /mm	565 ~ 675	0.08
6	VD 光栅，1 800 线 /mm	659 ~ 750	0.07
7	NC 光栅，1 200 线 /mm	748 ~ 931	0.13
8	NC 光栅，1 200 线 /mm	929 ~ 1078	0.11

　　八通道光纤光谱仪配置 8 个通道，各通道的测量范围及分辨率在表 4-5 中给出。这 8 个通道由仪器主板上的微处理器控制，使不同通道间可以实现同步采样。精确的同步数据采样可以使光谱仪快速读出数据，所以可以用来对瞬态事件进行监控。这个光谱仪有一个 USB2 接口，该接口可以实现每秒 900 个光谱的高速采样速率，每个采样传输时间为 1.8 ms。八通道光纤光谱仪不像高速摄谱仪那样记录闪电的图片，而是直接将闪电光分解为不同波长的谱线，然后储存为光谱数据。它不能连续记录光谱，是通过光信号来触发的。闪电发生时，光谱仪感光元件感受到光信号时，会自动触发光谱仪来记录数据。

4.3　影响闪电光谱质量的因素

　　实验中记录到的谱线除了受光源和光谱仪分辨率、聚光本领等技术指标的限制，试验环境对光谱质量的影响也是一个重要因素，特别是在利用无狭缝摄谱仪拍摄闪电光谱时，光源本身（闪电通道）是一个等效的狭缝，而这个光源在试验过程中又是随机的，其发光强度、通道形状、通道与光栅的相对位置以及观测距离都随机变化。对光谱仪来说，狭缝的宽度、位置、接收到的光源辐射强度等都是一个变量。另外，大气透光度、背景光强，以及摄像机参数的设置等都是影响谱线质量的重要因素。

4.3.1　通道形状的影响

由光栅的衍射原理可知，只有在光栅刻线与狭缝平行的条件下，从光栅前方入射的平行光，通过光栅时才能发生正常的色散，即无狭缝光谱仪观测闪电光谱时，与光栅刻线平行的闪电通道才能被正常分光。自然闪电发生的位置和放电强度有很大的随机性。一次雷暴过程中，发生在光栅前方的闪电只有少数，而且，许多情况下，通道和光栅刻线不平行，使衍射条纹失常。一般，当通道和光栅刻线的夹角超过 30° 左右时，色散后的谱线已难以分辨；角度再大时只能得到一个重叠的光谱带。所以，在观测地闪光谱时，经常会出现这样的情况：通道垂直向地面发展的部分可以得到正常色散的光谱，而在通道弯曲、过度倾斜甚至接近水平的地方，对应的只是一段难以分辨的杂乱亮线或带谱。试验中，光栅的位置固定后，所能拍到的可以正常分光的闪电通道有很大的局限性。

4.3.2　观测距离的影响

光源的距离因子与光谱结构不相关，但会影响光谱的分辨率。与实验室的光谱实验不同，在用无狭缝光谱仪拍摄闪电光谱时，放电通道既是光源又是一个等效的狭缝，通道的尺度、放电强度、观测距离以及记录系统感光灵敏度等因素都制约着光谱的分辨率，这些因素对光谱仪而言是相互关联的。对同一闪电，观测距离差别较大时，得到的光谱分辨率有明显差别。例如，观测距离太远时（光谱仪接收到的辐射强度相对比较弱），光源强度相对不足，受记录设备感光灵敏度的限制和背景光的影响，一些弱谱线可能难以分辨；而观测距离太近时，一方面有可能光谱仪接收到的光源辐射太强而使曝光过量，另一方面，由于散射光的影响，通道相对于光谱仪已不是一个严格的无限远线光源，它的尺度产生的影响会使分辨率大大降低。从许多光谱试验的资料发现，对于大多数闪电放电，在 1 ~ 6 km 范围内记录到的光谱质量比较好。

4.3.3 背景光强

不同于实验室的光谱实验，闪电光谱的观测是在自然的大气环境下进行的，以往的狭缝摄谱仪只能在夜雷暴时进行观测，无狭缝摄谱仪虽然克服了这一缺点，可以观测白天发生的闪电，但有时比较亮的背景光以及周围同时发生的其他闪电对光谱的分辨率还是有一定的影响。特别是在高原地区，云底比较低，而且云层比较薄，经过云体折射的杂散光照到光栅表面后，衍射形成无规则的彩色花斑，这些花斑构成的背景对于比较弱的闪电会淹没其光谱。大多数情况下，雷暴云只在局部比较小的区域，可谓东边电闪雷鸣，西边阳光灿烂，背景很亮，无法记录到一些比较弱的谱线。

4.3.4 大气透光度

一般情况下，闪电光源的辐射要在大气中传输 1 km 以上的距离才能到达光谱仪。严格来说，传输过程中，光的部分能量会被大气吸收（主要是被大气中的氮、氧以及水分子吸收），而且，对不同波长的吸收程度差别很大，从而导致观测谱线不同程度的衰减。特别是在暴雨情况下，辐射的衰减更为明显，受水分子吸收带的影响，在吸收波长范围的谱线一般难以被观测到。

因此，在分析试验得到的光谱时，要特别注意水分子吸收带附近的谱线。例如，首先在试验光谱的范围内，找到水分子吸收带所在的波长；根据通道温度（或其他观测谱线的激发能量）从理论上计算吸收带附近有可能产生的跃迁谱线；根据它们的跃迁概率（理论上反映光谱线相对强度）、激发能量的计算值，以及对相应的激发态密度的估计，来分析光谱线被吸收的程度。

4.4　快天线和慢天线地面电场变化测量仪

快天线和慢天线地面电场变化测量仪是用于测量闪电发生时产生的地面电场变化的仪器[8]。最早 Krehbiel[9] 等和 Brook[10] 等利用平板电容天线，通过测量大气电场变化时在天线板上感应引起的电荷量变化，得到闪电发生时产生的地面电场变化波形。目前所使用的快天线和慢天线地面电场变化测量仪都还是沿用此原理[11, 12]，如图 4-8 所示。

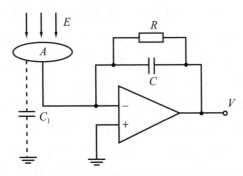

图 4-8　快天线和慢天线地面电场变化测量仪的基本原理

测量闪电产生的地面电场变化时，采用的是负反馈放大电路。在运算放大器的输入端连接一个面积为 A 的金属平板感应天线，平板直径一般为 30 cm 左右，将感应平板保持在"虚地"状态，相对于地面，平板和大地之间有电容 C_1，另外将电阻 R 和电容 C 跨接在运算放大器的输入和输出端。在外界电场强度 E 的作用下，平板上产生的感应电荷量为 $Q = \varepsilon_0 A E$。因此，当闪电产生的电场引起地面电场变化时，因为平板上感应电荷量的变化，从而产生的感应电流 i 将流经积分电路中的 R 和 C，因此有

$$i + \frac{V}{R} + C\frac{\mathrm{d}V}{\mathrm{d}t} = 0 。 \tag{4-19}$$

由于 $i = \dfrac{\mathrm{d}Q}{\mathrm{d}t} = \varepsilon_0 A \dfrac{\mathrm{d}E}{\mathrm{d}t}$，将其代入式（4-19）。因为闪电放电时间 $\Delta t = RC$，所以输出电压可表示为

$$\Delta V = -\frac{\varepsilon_0 A}{C} \Delta E。 \tag{4-20}$$

由式（4-20）可以看出，输出的电压值与外界电场变化成正比关系，但是极性却是相反的。在实际测量中，通过标定就可以得到所测输出电压与实际地面电场变化之间的确定数量关系。

随着集成电路的发展，目前国内使用的慢天线电场变化仪频率响应范围为几赫兹到 2 MHz，时间常数在 6 s 左右或者更短[12]。快天线电场变化仪的时间常数比慢天线要短，一般在 2 ms 左右，且频率响应范围相对较高，并具有较高的灵敏度。本研究实验所采用的慢电场带宽为 0.18 ~ 3.2 MHz 以上，时间常数为 5.6 s。快电场带宽为 100 ~ 3.2 MHz 以上，时间常数为 2 ms。

对闪电的测量技术在一定程度上依赖于对测量数据的采集和记录速度。闪电的持续时间常常不到一秒钟，而且其包含许多精细过程，这些过程都是变化迅速、放电复杂的过程，它们产生的电场变化也是瞬间非周期的复杂信号。所以动态记录闪电放电产生的地面电场变化，对数据记录设备的存储空间、采集速度和数据传输速度都提出了非常高的要求。对闪电测量数据的记录常采用基于高速数据采集卡（A/D 转换）的大容量实时数据采集记录系统，或数字示波记录仪等。但大容量的数据采集记录系统需要一定的软件平台编程实现。本研究采用基于 N I5105 高速采集板卡的数据记录系统对所测量信号进行记录，采样率为 10 MS/s。

参考文献

[1] 王焯如，周斌，王珊珊，等.应用多光路主动差分光学吸收光谱仪观测大气污染的空间分布 [J]. 物理学报，2011，60：60703.

[2] 简小华，张淳民，祝宝辉，等.利用偏振干涉成像光谱仪进行偏振探测的新方法 [J]. 物理学报，2008，57：7565.

[3] 马翔，王毅，温亚东，等.FT-N IR 光谱仪测定烟草化学成分不同谱区范围对数学模型影响的研究 [J]. 光谱学与光谱分析，2004，4：444.

[4] 姚启均. 光学教程 [M].4 版. 北京：高等教育出版社，2008.

[5] 李富铭，刘一先. 光学测量 [M]. 上海：上海科学技术文献出版社，

1986.

[6] 邱德仁 . 原子光谱分析 [M]. 上海：复旦大学出版社，2002.

[7] 袁萍 . 闪电回击过程的光谱以及相关离子跃迁特性的研究 [D]. 兰州：中国科学院寒区旱区环境与工程研究所，2003.

[8] 郄秀书，张其林，袁铁，等 . 雷电物理学 [M]. 北京：科学出版社，2013.

[9] KREHBIEL P R，BROOK M，MCCRORY R A.An analysis of the charge structure of lightning discharges to ground[J]，J. Geophys. Res.，1979，99（C5）：2432–2456.

[10] BROOK M，NAKANO M.The electric structure of the Hokuriku winter thunderstorms[J]，J. Geophys. Res.，1982，87（C5）：1207–1215.

[11] 王怀斌，刘欣生，郄秀书，等 . 慢天线闪电电场变化测量仪：CN01240365.2[P].2001–04–25.

[12] 郄秀书，张其林，周筠珺，等 . 两次强雷暴系统中雷电的人工引发及其特征放电参量的测量与估算 [J]. 中国科学（D 辑），2007，37（4）：564–572.

第5章 基于原子发射光谱的理论计算

5.1 闪电等离子体通道的基本假设

等离子体态是物质的第四种存在状态，其主要由带负电的电子和带正电的离子组成，但二者带的正、负电荷总数基本相等，所以等离子体总体呈电中性[1-3]。

由于闪电过程的大电流[4]，使放电通道形成一个典型的等离子体通道[5]。利用光谱分析研究闪电通道内部的一些物理量，需要建立两个基本假设。

第一，闪电光谱中的一些主要发射谱线，如 N I、N II 和 H_a 谱线，满足光学薄条件。这已经被 Uman 和 Orville[6] 研究证实了。

第二，通道满足局域热力学平衡状态（LTE）。Uman[7] 研究表明，闪电回击通道内各离子和电子达到准静态平衡的时间在 0.01 μs 量级。因此，闪电回击通道可以近似利用 LTE 描述。

5.2 通道温度的计算

热激发光源中各种粒子的运动宏观上处于动态平衡中，这样的体系可以用统计热力学的方法描述，被称为局部热力学平衡体系，简称为 LTE 体系[8]。"局部"是指考虑的每一个局部体积内是均匀和处于热平衡的，但整个体系可能温度分布并不均匀。处于 LTE 体系的激发光源，其激发特性由激发温度来表征。

一个元素有很多能级，这些能级包括基态和各种激发态。在温度 T

的光源中，分布在基态和各种激发态上的粒子数服从 Boltzmann 分布[8]，即

$$N_i = N_0 \frac{g_i}{g_0} \mathrm{e}^{-E_i/kT},\qquad(5\text{-}1)$$

其中，N_i 是位于 i 激发态的粒子（中性原子或离子）数，N_0 是位于基态的粒子数，g_i、g_0 分别是 i 激发态和基态的统计权重，E_i 是 i 激发态原子或者粒子具有的能量，即激发能，k 是玻尔兹曼常数，T 为温度。

　　式（5-1）表明，分布在各激发态上的粒子数，随激发能的增高，指数关系迅速减少。激发能越大，粒子布局数越少，即越难激发，谱线越弱。当温度 T 增大时，在相同激发态上的粒子布局数会迅速增多，表现为谱线增强。但因为温度 T 升高时，会引起电离度增大，因此谱线强度不会表现为单调增强。

　　考虑到光源分析区中激发态原子或离子的 Boltzmann 分布、跃迁概率（不同能级之间发生跃迁的概率）、统计权重等因素，在 LTE 下，有 N_i 个粒子分布在 i 激发态，光源中单位立体角内谱线辐射强度可表示为[8]

$$I = \frac{N_i A_i h\nu}{4\pi},\qquad(5\text{-}2)$$

其中，A_i 为电子从基态跃迁到激发态 i 的跃迁概率，ν 为所发射谱线的频率，h 为普朗克常量。假设 E_i 和 E_0 分别是激发态 i 和基态能级的能量，那么一个电子在这两个能级之间跃迁时，所释放的能量就是它们的能量差，即 $h\nu$。

　　将式（5-1）代入式（5-2），即

$$I = \frac{h\nu}{4\pi} \cdot N_0 \frac{g_i A_i}{g_0} \mathrm{e}^{-E_i/kT}。\qquad(5\text{-}3)$$

　　由式（5-3）可知，同一元素的两条谱线的强度比为

$$\frac{I_1}{I_2} = \frac{\nu_1}{\nu_2} \cdot \frac{g_1 A_1}{g_2 A_2} \cdot \mathrm{e}^{E_2 E_1/kT}。\qquad(5\text{-}4)$$

把频率 ν 换成波长 F06C，再两边取对数，由上式可得

$$T = \frac{(E_2 - E_1)}{k \ln\left(\dfrac{I_1 \lambda_1 g_2 A_2}{I_2 \lambda_2 g_1 A_1}\right)},\qquad(5\text{-}5)$$

这便是利用二条谱线来计算闪电通道温度的方法。其中，激发能 E_1、E_2 的单位为 eV，由谱线查得；跃迁概率 gA 值也可由 nist 数据库查得，谱线强度 I_1、I_2 可由光谱测得，由此便可计算出等离子体温度。

用二谱线法计算温度时，所选的两条谱线的激发能相差要大。

由于用二谱线法测量温度时只用了两条谱线，故谱线强度的测量值与跃迁概率值给最终温度的测量带来的误差较大，而采用多谱线法，可以提高测量温度的准确性。

由谱线强度关系式（5–3），可得

$$\frac{I}{v} \cdot \frac{1}{g_i A_i} = \frac{hN_0}{4\pi g_0} e^{-E_i/kT} , \qquad (5-6)$$

将频率 v 转换成波长 F06C 可得

$$\frac{I\lambda}{g_i A_i} = \frac{hN_0 c}{4\pi g_0} e^{-E_i/kT} , \qquad (5-7)$$

取常用对数，进一步可得

$$\ln\left(\frac{I\lambda}{g_i A_i}\right) = \ln\left(\frac{hN_0 c}{4\pi g_0}\right) + \ln e^{-E_i/kT} 。 \qquad (5-8)$$

对于同种元素的多条离子或者原子谱线，可将 $\ln\left(\dfrac{hN_0 c}{4\pi g_0}\right)$ 看作常数 c_1，所以由式（5–3）可得多谱线计算温度的表达式

$$\ln\left(\frac{I\lambda}{gA}\right) = -\frac{E}{kT} + c_1 。 \qquad (5-9)$$

因此，选取同一元素的多条谱线，依据谱线相对强度 I、波长 F06C、统计权重 g、跃迁概率 A、激发能 E[9]，以 E 为横坐标，$\ln\left(I\lambda / gA\right)$ 为纵坐标，用最小二乘法拟合直线，由直线的斜率可以得到温度。

5.3　通道电子密度和电导率

在局部热平衡体系中，等离子体内分析元素的电离过程决定了原子和离子的浓度。也就是说，电离度决定了等离子体的粒子数分布，且粒子

数分布能够用 Saha 方程来描述，进而得到电子密度 n_e 的表达式为[8]

$$n_e = 2 \times \frac{(2\pi mkT)^{3/2}}{h^3} \left(\frac{I_\mathrm{A}}{I_\mathrm{I}}\right) \cdot \left(\frac{gA}{\lambda}\right)_\mathrm{I} \cdot \left(\frac{\lambda}{gA}\right)_\mathrm{A} \cdot \exp\left(-(V + E_\mathrm{I} - E_\mathrm{A})/kT\right),$$

（5-10）

其中，m 是电子的质量，I_A 和 I_I 是同一元素原子线和离子谱线的相对强度，λ 是波长，V 是原子的电离能，E_A 和 E_I 是相应原子和离子的上激发能。

此外，也可用谱线加宽法来计算电子密度。对于一个自发辐射光源，例如闪电回击通道，由于其内部发光粒子本身的热运动、有限的能级寿命、发光原子与其他粒子的碰撞以及其他带电粒子的场对发光物能级的扰动等因素的存在，使谱线的强度在中心波长附近呈现一定的分布，即谱线被加宽。一般情况下，谱线加宽是多种因素的贡献，如 Doppler 加宽、Stark 加宽、自吸加宽、仪器加宽等，其中总有一种加宽机制起主导作用，这种主要的加宽机制决定着谱线的宽度和总体轮廓。

由于通道等离子体中的辐射原子处于电子及离子包围之中，所以长程库仑相互作用力占主导地位，从而引起谱线的 Stark 加宽。现有的 Stark 加宽理论主要有两种：一种是碰撞近似，处理快速运动粒子（如电子）对辐射原子所造成的瞬态微扰；另一种是准静态近似，处理缓慢运动粒子（如离子）所产生的准静态场对辐射原子的微扰。对于中性原子和一次电离的离子谱线，其谱线加宽主要是由电子碰撞引起的，离子准静态库仑场引起的加宽只是作为一种修正。

回击通道中存在的大量的带电粒子使通道内存在不均匀的强电场。由于通道等离子体的辐射原子处在这个不均匀的强电场中，并且与大量高速运动的自由电子碰撞，所以在闪电通道等离子体中 Stark 加宽起主导作用。当等离子体中 Stark 加宽占优势时，谱线的线形不再严格依赖于电子或离子的速度和温度分布，因而不需要精确地知道通道等离子体的温度，也不需要满足局部热力学平衡，从谱线的线形就可以确定等离子体的电子密度。

氢原子的 Stark 加宽主要是由电子碰撞引起的，属线性 Stark 加宽，谱线的半宽与电子密度有如下关系[20]：

$$N_e = C(N_e, T)\Delta\lambda_s^{3/2}。$$

（5-11）

其中，N_e 表示电子密度，$C(N_e, T)$ 是系数，$\Delta\lambda_s$ 是谱线半宽（FWHM）。

电导率是描述等离子体输运特性的重要参数之一，它反映了由等离子体浓度、压强及温度梯度引起的电子与离子的迁移。对于闪电放电等离子体的电导率计算，常用的计算方法有以下两种[10]。

（1）在闪电通道中，放电产生的磁场相比电场来讲非常小，因此可以忽略。所以只在电场的作用下，等离子体的电导率 σ 为[11]

$$\sigma = e n_e \left(\mu_i - \mu_e \right), \tag{5-12}$$

其中，e 表示电子带电量，n_e 表示电子数密度，μ_e、μ_i 是电子与离子的迁移率，因为 $\mu_e \gg \mu_i$，因此由上式可得

$$\sigma = e n_e \mu_e, \tag{5-13}$$

其中，$\mu_e = \dfrac{e}{m_e v_e}$，$m_e$ 表示电子质量。

因为闪电回击通道在电流峰值时是接近完全一次电离的。所以电子的碰撞频率 v_e 等于电子和一次电离的粒子间的碰撞频率 V_{ei}[12]，即

$$v_{ei} = \frac{4(2\pi)^{1/2} n_i}{3} \left(\frac{Ze^2}{4\pi\varepsilon_0 kT} \right)^2 \left(\frac{kT}{m_e} \right)^{1/2} \ln \frac{3(4\pi\varepsilon_0 kT)^{3/2}}{2Ze^3 (\pi n_e)^{1/2}}, \tag{5-14}$$

其中，ε_0 表示真空介电常数，Z 是一次电流离子的电量，n_i 表示离子的数密度。

于是式（5-13）可以写成

$$\sigma = \frac{e^2 n_e}{m_e v_{ei} \alpha}, \tag{5-15}$$

其中，α 为 Uman[11] 为闪电等离子体加入的修正因子，通常取值 0.51。

（2）依据经典等离子体的输运规律，各粒子间的碰撞是引起各物理量输运的主要原因[13]。在局部热力学平衡条件下，Capitelli 等人[14, 15] 利用粒子间的碰撞积分，给出了温度低于 100 000 K 时，空气等离子体的电导率为

$$\sigma = 3 n_e^2 e^2 \sqrt{\frac{\pi}{2 m_e kT}} \begin{vmatrix} q^{11} & q^{12} \\ q^{21} & q^{22} \end{vmatrix} \left(\begin{vmatrix} q^{00} & q^{01} & q^{02} \\ q^{10} & q^{11} & q^{12} \\ q^{20} & q^{21} & q^{22} \end{vmatrix} \right)^{-1}, \tag{5-16}$$

其中，q^{mp} 是由通道内的粒子数密度、电子密度以及碰撞积分决定的[13-17]。

对于闪电等离子体，回击过程通道的温度大约为 30 000 K，且通道

满足热力学平衡条件，因此可以用式（5-16）计算闪电回击通道的电导率。

5.4　通道电流的计算

闪电通道的放电电流是一个重要参数。第 1 章已经介绍了电流的直接测量比较困难，所以通常是通过测量闪电发生时引起的地面电场变化幅度，依据相应的理论模型，来反演估算通道放电电流。Chen[18] 等人基于闪电传输线 TL 模型，推导出了在任意回击速度下，闪电产生的地面电、磁场与通道放电电流的关系表达式。因此，本研究利用测量闪电产生的地面电场来计算闪电通道的峰值电流。

假设地面为无限大理想导体平面，闪电通道周围的空间也是无限大。将闪电回击通道看作一个竖直天线，在闪电回击发生瞬间，电流沿垂直于理想导电平面（地面）以上的竖直通道向上传播，并考虑到地面镜像效应，图 5-1 给出了传输线 TL 模型下计算闪电回击产生电磁场的几何示意图[18]。

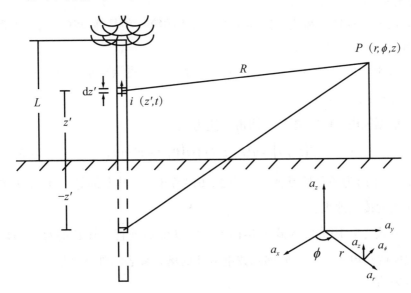

图 5-1　闪电回击传输线模型示意图

根据偶极子方法[19]，由于闪电回击电流向上传播，通道周围空间观测点 $P(r, \phi, z)$ 处的电场在柱坐标系下可表示为[20]

$$E_r = \frac{1}{4\pi\varepsilon_0} \int_{-h_-}^{h_+} \left[\frac{3r(z-z')}{R^5} \int_{-\infty}^{t} i(z',\, t-R/c)\mathrm{d}t + \frac{3r(z-z')}{cR^4} i(z',\, t-R/c) - \right.$$
$$\left. \frac{r(z-z')}{c^2 R^3} \frac{\partial i(z',\, t-R/c)}{\partial t} \right] \mathrm{d}z', \qquad (5\text{-}17)$$

$$E_z = \frac{1}{4\pi\varepsilon_0} \int_{-h_-}^{h_+} \left[\frac{2(z-z')^2 - r^2}{R^5} \int_{-\infty}^{t} i(z',\, t-R/c)\mathrm{d}t + \frac{2(z-z')^2 - r^2}{cR^4} i(z',\, t-R/c) - \right.$$
$$\left. \frac{r^2}{c^2 R^3} \frac{\partial i(z',\, t-R/c)}{\partial t} \right] \mathrm{d}z', \qquad (5\text{-}18)$$

其中，E_r 为径向电场，E_z 垂直电场，$R = \sqrt{(z-z')^2 + r^2}$ 是电流元距离观测点 P 的空间距离，z 是观测点 P 离地面的高度，z' 是通道上任意一点离地面的高度，h_+、h_- 分别为 t 时刻观测者在通道上和它的像上看到的回击电流前沿离地面的高度，r 为观测点 P 与回击通道的水平距离，i 为回击电流，c 为光速。

在式（5-17）和式（5-18）中，右边的第一项是静电场，第二项是感应场，第三项是辐射场。

由于一般电场测量都是在地面进行，即观测点离地面的高度 $z = 0$，因此 $h_+ = h_-$，$E_r = 0$。

依据闪电 TL 模型 [21]，回击电流为

$$i(z',\, t) = u(t - z'/v) \cdot i(0,\, t - z'/v), \qquad (5\text{-}19)$$

其中，$u(\xi)$ 为单位阶跃函数，当 $\xi > 0$ 时等于 1，其余都等于 0，v 为电流沿通道的传播速度。

将式（5-19）代入式（5-18），可以得到垂直电场 E_z 的每一项以及在地面的总电场。对于阶梯函数电流波的场方程表示如下 [22]。

静电场项

$$E_z(\text{electrostatic}) = \frac{i(z',\, t)}{2\pi\varepsilon_0} \left\{ \frac{-th + \dfrac{2h^2}{v} + \dfrac{r^2}{v}}{(h^2 + r^2)^{3/2}} - \frac{1}{rv} - \frac{1}{2cr} \left[\tan^{-1}\left(\frac{h}{r}\right) - \frac{3hr}{h^2 + r^2} \right] \right\};$$

$$(5\text{-}20)$$

感应电场项

$$E_z\left(\text{induction}\right)=\frac{i\left(z',\,t\right)}{4\pi\varepsilon_0 rc}\left[\tan^{-1}\left(\frac{h}{r}\right)-\frac{3hr}{h^2+r^2}\right];\qquad(5\text{-}21)$$

辐射场项

$$E_z\left(\text{radiation}\right)=-\frac{i\left(z',\,t\right)}{2\pi\varepsilon_0 c^2\left(h^2+r^2\right)^{3/2}}\cdot\frac{r^2}{\left(\dfrac{1}{v}+\dfrac{h}{c\left(h^2+r^2\right)^{1/2}}\right)};\;(5\text{-}22)$$

则在地面的总电场为

$$E_z\left(r,\,t\right)=\frac{i\left(z',\,t\right)}{2\pi\varepsilon_0}\left\{\frac{-th+\dfrac{2h^2}{v}+\dfrac{r^2}{v}}{\left(h^2+r^2\right)^{3/2}}-\frac{1}{rv}-\frac{r^2}{c^2\left(h^2+r^2\right)^{3/2}\left(\dfrac{1}{v}+\dfrac{h}{c\sqrt{h^2+r^2}}\right)}\right\}。$$

$$(5\text{-}23)$$

在式（5-21）~式（5-23）中

$$h=\beta\left[ct-\sqrt{\left(\beta ct\right)^2+r^2\left(1-\beta^2\right)}\right]\Big/\left(1-\beta^2\right),\qquad(5\text{-}24)$$

其中，$\beta=v/c$。

式（5-23）给出了任意距离位置处闪电产生的地面电场与通道电流的关系，但需要注意的是，此式只适用于闪电 TL 模型的阶梯函数电流波。

由于在不同观测距离处，闪电产生的地面总电场中，其静电场、感应场和辐射场，三者所占的主导作用不同。因此，下面具体推导出静电场和感应场占主导时通道电流与地面电场的近似关系式，以及辐射场占主导时通道电流与地面电场的近似关系式。

如果假定 $\partial f\left(z',\,t\right)/\partial t=i\left(z',\,t\right)$，那么根据传输线 TL 模型有

$$\int_{-\infty}^{t}i\left(z',\,t\right)\mathrm{d}t=\int_{-\infty}^{t}u\left(t-z'/v\right)\cdot i\left(0,\,t-z'/v\right)\mathrm{d}t=\int_{z'/v}^{t}i\left(0,\,t-z'/v\right)\mathrm{d}t$$

$$=\int_{0}^{t-z'/v}i\left(0,\,s\right)\mathrm{d}s=f\left(0,\,t\right)\big|_{0}^{t-z'/v}\qquad(5\text{-}25)$$

$$=f\left(0,\,t-z'/v\right)-f\left(0,\,0\right)$$

$$=F\left(t-z'/v\right),$$

因此，在式（5-18）中静电场项的电流积分可写为

$$\int_{-\infty}^{t} i\left(z', t-R/c\right) dt = F\left(t-R/c-z'/v\right),\qquad(5-26)$$

再利用泰勒级数展开[23]，则 $F\left(t-R/c-z'/v\right)$ 可表示为

$$F\left(t-R/c-z'/v\right) = F\left(t-r/c\right) - F'\left(t-r/c\right) \times \left[\left(t-r/c\right)-\left(t-R/c-z'/v\right)\right] + o\left(c^{-2}\right)$$

$$\approx F\left(t-r/c\right) - i\left(0, t-r/c\right)\left[\left(R-r\right)/c + z'/v\right], \quad(5-27)$$

其中，$o\left(c^{-2}\right)$ 是 c^{-2} 阶的 Peano 余项。

将式（5-26）和式（5-27）代入式（5-18）的第一项，就可以得到静电场项的一级近似表达式

$$E_z'\left(\text{electrostatic}\right) = \frac{1}{2\pi\varepsilon_0}\int_0^h \left[\frac{2R^2-3r^2}{R^5}\int_{-\infty}^t i\left(z', t-R/c\right) dt\right] dz'$$

$$= \frac{1}{2\pi\varepsilon_0}\int_0^h \frac{2R^2-3r^2}{R^5} F\left(t-R/c-z'/v\right) dz'$$

$$\approx \frac{F\left(t-r/c\right)}{2\pi\varepsilon_0}\left[\frac{-h}{R^3\left(h\right)}\right] - \frac{i\left(0, t-r/c\right)}{2\pi\varepsilon_0}\left\{\frac{1}{v}\left(\frac{r^2}{R^3\left(h\right)} - \frac{2}{R\left(h\right)} + \frac{1}{r}\right) + \frac{1}{c}\left(\frac{rh}{R^3\left(h\right)} - \frac{3h}{2R^2\left(h\right)} + \frac{\tan^{-1}\left(h/r\right)}{2r}\right)\right\}$$

$$(5-28)$$

利用泰勒级数展开，则 $i\left(z', t-R/c\right)$ 可表示为

$$i\left(z', t-R/c\right) = i\left(0, t-R/c-z'/v\right) = i\left(0, t-r/c\right) + o\left(c^{-1}\right) \quad(5-29)$$

其中，$o\left(c^{-1}\right)$ 是 c^{-1} 阶的 Peano 余项。

将 $i\left(z', t-R/c\right)$ 的泰勒级数展开代入式（5-18）中的第二项，则可以得到感应电场项的一级近似表达式

$$E_z'\left(\text{induction}\right) \approx \frac{i\left(0, t-r/c\right)}{2\pi\varepsilon_0 c}\int_0^h \frac{2R^2-3r^2}{R^4} dz'$$

$$= \frac{i\left(0, t-r/c\right)}{2\pi\varepsilon_0 c}\left[\frac{\tan^{-1}\left(h/r\right)}{2r} - \frac{3h}{2R^2\left(h\right)}\right]$$

$$(5-30)$$

由于在近观测距离处，辐射电场项非常小，可近似忽略不计。因此，式（5-28）与式（5-30）相加，可得到近距离处闪电产生的地面总电场的一级近似表达式：

$$E_z' = -\frac{F(t-r/c)}{2\pi\varepsilon_0 c}\frac{h}{R^3(h)} - \frac{i(0,t-r/c)}{2\pi\varepsilon_0}\left[\frac{rh}{cR^3(h)} + \frac{1}{v}\left[\frac{r^2}{R^3(h)} -\right.\right.$$

$$\left.\left.\frac{2}{R(h)} + \frac{1}{r}\right]\right]_\circ \tag{5-31}$$

因为在近距离处 $r \ll L$，当电流沿通道向上传播时，$R(h) \rightarrow h$，所以式（5-31）中，相比 r^{-1} 项，R^{-1} 项和 R^{-3} 项可以忽略，因此依据式（5-31），可以得到地面近距离处闪电电场的二级近似表达式：

$$E_z'' = -\frac{1}{2\pi\varepsilon_0 vr}i(0,t-r/c)_\circ \tag{5-32}$$

依据式（5-32），闪电电场波形可以近似利用以水平观测距离 r 和回击速度 v 为函数的通道底部电流波形表示得到。但需要注意的是：以上方程式是基于闪电传输线 TL 模型，即认为通道中电流以恒定速度 v 传播，无衰减无变形。

因此如果仅考虑电流大小，不考虑电流方向，则闪电通道内的电流可利用所测的地面电场（静电场和感应场为主导）由下式计算得到：

$$i(0,t-r/c) = 2\pi\varepsilon_0 vrE_\circ \tag{5-33}$$

如果在远观测距离处，$R \approx r$ 且 $r \gg L$，在闪电放电产生的地面总电场中，辐射场就会占主导作用，静电场和感应电场可以被忽略不计，因此，化简得到的电场一般表达式为

$$E_z \approx E_z(\text{radiation}) \approx -\frac{1}{2\pi\varepsilon_0 c^2 r}\int_0^L \frac{\partial i(0,t-r/c-z'/v)}{\partial t}dz', \tag{5-34}$$

因为速度 F06E 为常数，所以方程式（5-34）可以写成

$$E_z(\text{radiation}) \approx -\frac{v}{2\pi\varepsilon_0 c^2 r}\int_0^L \frac{\partial i(0,t-r/c-z'/v)}{\partial z'}dz', \tag{5-35}$$

积分之后可以得到

$$E_z\left(\text{radiation}\right)\approx-\frac{v}{2\pi\varepsilon_0 c^2 r}\times\left[i\left(0,t-r/c\right)-i\left(0,t-r/c-L/v\right)\right]\quad(5-36)$$

因为当 $\tau\leq 0$ 时，$i\left(0,\tau\right)=0$。所以当 $t\leq L/v+r/c$（此时回击前沿还没有到达通道顶部）时，式（5-36）可变为

$$E_z\left(r,t\right)=E_z\left(\text{radiation}\right)\approx-\frac{v}{2\pi\varepsilon_0 c^2 r}i\left(0,t-r/c\right)。\quad(5-37)$$

仅考虑电流大小不考虑电流方向，可通过所测的地面电场（辐射场占主导）计算得到闪电通道内的电流为

$$i\left(0,t-r/c\right)=\frac{2\pi\varepsilon_0 c^2 r}{v}E\quad(5-38)$$

根据以上推导，闪电通道内的电流可以通过所测得的地面电场变化反演得到，如下式

$$\begin{cases}i\left(0,t-r/c\right)=2\pi\varepsilon_0 vrE\quad\text{（静电场和感应场占主导）},\\i\left(0,t-r/c\right)=\dfrac{2\pi\varepsilon_0 c^2 r}{v}E\quad\text{（辐射场占主导）；}\end{cases}\quad(5-39)$$

其中，ε_0 是真空介电常数，c 是光速，r 是观测距离，F06E 是回击电流沿通道传播的速度，E 是测量得到的闪电产生的地面电场强度。

5.5 通道半径和电阻

Borovsky[24] 提出了一种闪电的电力学模型，他认为先导把静电能输送并存储在电晕层通道内，随后回击电流在核心通道内将这些静电能转化为其他形式的能量。依据此模型，核心通道内单位长度的能量为 [25]

$$\frac{\varepsilon}{L}=\lambda_q^2\left[\frac{1}{2}+\lg\left(\frac{E_{\text{break}}}{E_{\text{cloud}}}\right)\right],\quad(5-40)$$

其中，$E_{\text{break}}=2.0\times10^6\,\text{V/m}$，是空气击穿电场，$E_{\text{cloud}}=5.0\times10^4\,\text{V/m}$，是云内的背景电场。且总能量为

$$\varepsilon=\varepsilon_{\text{disso}}+\varepsilon_{\text{ihermal}}+\varepsilon_{\text{ioniz}}。\quad(5-41)$$

在式（5-41）中

$$\varepsilon_{\text{disso}} = \pi r^2 L n_{\text{molec}} \tau_{\text{disso}},\qquad(5\text{-}42)$$

为通道内分子离解能。

$$\varepsilon_{\text{thermal}} = \pi r^2 L (1+f) \frac{3}{2} n_{\text{atomic}} k_B T\qquad(5\text{-}43)$$

为内能。

$$\varepsilon_{\text{ioniz}} = \pi r^2 L n_{\text{atomic}} f \tau_{\text{ioniz}}\qquad(5\text{-}44)$$

为通道内原子电离能。

在式（5-40）~式（5-44）中，r 为电流核心通道的半径，L 为通道总长度，T 为温度，f 为通道的电离度，$k_B = 1.38 \times 10^{-16} \text{erg} / \text{K}$ 为波尔兹曼常量，$\tau_{\text{disso}} = 9.8 \text{ eV} = 1.57 \times 10^{-11} \text{ erg}$ 为 N_2 的分子离解能，$\tau_{\text{ioniz}} = 14.5 \text{ eV} = 2.33 \times 10^{-11} \text{ erg}$ 为 N I 的第一电离能。n_{molec}、n_{atomic} 分别表示通道内分子和原子数密度，$n_{\text{molec}} = 0.5 n_{\text{atomic}}$[25]。

将式（5-41）~式（5-44）代入式（5-40），得到

$$r = \lambda_q \left[\frac{1}{2} + \lg\left(\frac{E_{\text{breat}}}{E_{\text{cloud}}}\right) \right]^{1/2} \left(\pi n_{\text{atomic}}\right)^{-1/2} \times \left[(1+f)\frac{3}{2} kT + \frac{1}{2}\tau_{\text{disso}} + f\tau_{\text{ioniz}} \right]^{-1/2},$$
$$(5\text{-}45)$$

其中，线电荷密度 λ_q 可由电流 i 依据下面半经验公式[26]得到：

$$\lambda_q = \left(\frac{i}{10.6}\right)^{10/7} / L。\qquad(5\text{-}46)$$

因此，由电导率和半径可得到核心通道单位长度的电阻为

$$R = \frac{1}{\sigma \pi r^2},\qquad(5\text{-}47)$$

其中，R 为核心通道单位长度的电阻，σ 为通道单位长度的电导率，r 为核心通道的半径。

5.6 通道内热功率

由核心通道内单位长度的电阻 R 和电流 i 可以得到通道内的热功率 P 为

$$P = i^2 R。 \tag{5-48}$$

5.7 通道内电场强度

通过欧姆定律知道，闪电导电通道内电场强度可以表示为

$$E_{int} = iR, \tag{5-49}$$

其中，E_{int} 为闪电回击通道内电场强度，i 为闪电通道电流，R 为闪电通道内单位长度电阻。

参考文献

[1] HUTCHINSON I H. Principles of plasma diagnostics[M]. Cambridge：Cambridge Univeristy Press，2005.

[2] OVSYANNIKOV A A，ZHUKOV M F. et al.Plasma diagnostics[M].Cambridge：Cambridge Int Science Publishing，2000.

[3] 马腾才，胡希伟，陈银华. 等离子体物理原理 [M]. 合肥：中国科学技术大学出版社，1988.

[4] QIE X，JIANG R，WANG C，et al. Simul-taneously measured current，luminosity，and electric field pulses in a rocket–triggered lightning flash[J].J. Geophys. Res. 2011，116：D10102.

[5] WANG J，YUAN P，GUO F，et al. Particle densities and distributions in cloud lightning channels[J].Chinese J. Geophys. 2010，53：365.

[6] UMAN M A，ORVILLE R E. The opacity of lightning[J].J.

Geophys. Res. 1965, 70: 5491.

[7] UMAN M A. Determination of lightning temperature[J].J. Geophys. Res. 1969, 74: 949.

[8] 邱德仁. 原子光谱分析 [M]. 上海：复旦大学出版社，2001.

[9] N IST 数据库, http: //physics.nist.gov/PhysRefData/ASD/lines_form.html.

[10] 王雪娟. 闪电通道的导电及能量传输特性的研究 [D]. 兰州：西北师范大学，2014.

[11] UMAN M A. The conductivity of lightning[J].J. Atmos. Terr. Phys. 1964, 26: 1215.

[12] WANG X, YUAN P, CEN J, et al. Study on the conductivity properties of lightning channel by spectroscopy[J].Spectrosc. Spectral. Anal., 2013, 33: 3192.

[13] SHKAROFSKY I P, BACHYNSKI M P, JOHNSTON T W. Collision frequency associated with high temperature air and scattering cross-sections of the constituents[J].Planet. Space Sci. 1961, 6: 24.

[14] CAPITELLI M, COLONNA G, GORSE C, et al. Transport properties of high temperature air in local thermodynamic equilibrium[J]. Eur. Phys. J. 2000, D11: 279.

[15] CAPITELLI M, GORSE C, LONGO S, et al.CollisioN integrals of high-temperature air species[J].Thermophys Heat Transf, 2000, 14: 259.

[16] DEVOTO R S. Simplified expression for the transport properties of ionied monatomic gases[J].Phys Fluid, 1967, 10: 2105.

[17] LIBOFF R L. Transport cofficients determined using the shielded coulomb potential[J].Phys Fluids, 1959, 2: 40-46.

[18] CHEN Y, WANG X, RAKOV V A. Approximate expressions for lightning electromagnetic fields at near and far ranges: influence of return-stroke speed[J].J. Geophys. Res. Atmos., 2015, 120: 2855-2880.

[19] STRATTON J A. Electromagnetic theory[M].New York: Wiley-IEEE Press, 1941.

[20] UMAN M A, MCLAIN D K, KRIDER E P. The electromagnetic radiation from a finite antenna[J].Am. J. Phys., 1975, 43: 33-38.

[21] UMAN M A , MCLAIN D K. The magnetic field of the lightning return stroke[J].J. Geophys. Res., 1969, 74: 6899-6910.

[22] RUBINSTEIN M，UMAN M A. Methods for calculating the electromagnetic fields from a known source distribution：application to lightning[J].IEEE Trans. Electromagn. Compat.，1989，31：183-189.

[23] STRUIK D J. A source book in mathematics[M].London：Harvard University Press，1969.

[24] BOROVSKY J E.An electrodynamic description of lightning return strokes and dart leaders：guided wave propagation along conducting cylindrical channels[J].J. Geophys. Res.，1995，100（D2）：2697-2726.

[25] BOROVSKY J E. Lightning energetics：estimates of energy dissipation in channels，channel radii，and channel-heating risetimes[J].J. Geophys. Res.，1998，103（D10）：11537-11553.

[26] 王道洪，郊秀书，郭昌明 . 雷电与人工引雷 [M]. 上海：上海交通大学出版社，2000.

第 6 章　闪电不同阶段的原子光谱和物理特性

6.1　梯级先导的原子光谱和物理特性

6.1.1　引言

　　闪电光谱被用来研究闪电放电的物理过程主要集中在 20 世纪 60 年代 [1]，研究者们通过胶片相机改装的无狭缝摄谱仪获得了一批高质量的回击光谱 [2-13]。Orville[14-17] 报道了波长范围为 400 ~ 660 nm，时间分辨为 2 ~ 20 μs 的高时间分辨回击光谱，其他工作并没有获得这么高时间分辨的光谱，但是将回击光谱的波长范围延伸至 280 ~ 1 400 nm[18-20]。闪电先导（梯级先导和直窜先导）由于发生在大电流回击之前的弱电离过程，所以很难获得其光谱。至今为止，只有极少数的文献报道过它们的光谱。

　　梯级先导（stepped leader）发生在首次回击之前，为首次回击开辟通道。对梯级先导进行光学和电磁辐射观测可以确定梯级先导的长度、间歇时间以及传输速度等特征参量 [21]。大量的研究表明梯级先导的梯级步长为 3 ~ 200 m，梯级间歇时间为 0.2 ~ 200 μs，二维发展速度为 0.8 ~ 15×10^5 m/s[22-28]。一般，梯级先导在接近地面时速度会增加 [29]。

　　梯级先导的光谱首次被 Orville 在 1968 年报道 [30]。其仪器测量的光谱范围较短，仅为 560 ~ 660 nm，时间分辨率为 20 μs。在回击发生之前共记录到 6 个梯级先导的光谱，光谱中主要记录到两条氮离子线 N II 568.0 nm 和 N II 594.2 nm，并且通过这两条线粗略估算了先导的温度为 15 000 ~ 30 000 K，同时也推测了梯级先导在向地面传输过程中温度随时间的变化，如图 6-1 所示 [30]。由图 6-1 可以推测出梯级先导在向地面传输过程中温度呈减小的趋势。

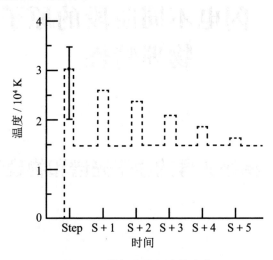

图 6-1 梯级先导温度的变化

第二个关于闪电梯级先导光谱的工作在 40 年以后。Warner 等人 [31] 在 2011 年报道了利用高速摄谱仪获得的 5 张连续梯级先导光谱。他们使用的高速摄谱仪的拍摄速度为 10 000 帧 /s，记录到的先导波长范围为 600 ~ 1 050 nm。图 6-2 给出了高速摄谱仪拍摄的连续 3 张梯级先导光谱图 [31]。从图中可以看到，梯级先导光谱中近红外区域主要出现了氮、氧、氢的原子线。他们通过谱线 O I 777.4 nm 计算得到梯级先导在离地 200 m 距离内向下的传播速度为 1.53 ~ 2.42×10^5 m/s。

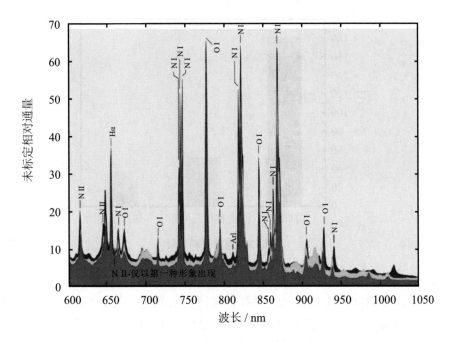

图 6-2　连续 3 张梯级先导光谱图

6.1.2　梯级先导的原子光谱

在青海高原进行的野外雷电光谱观测实验中，共记录到有效闪电数目为 181 个，统计分布如图 6-3 所示 [31]。其中记录到梯级先导通道发展的闪电有 53 个。在这 53 个闪电中，记录到梯级先导光谱的仅有 17 个。记录到直窜先导通道发展的闪电为 38 个。在这 38 个闪电中，记录到直窜先导光谱的仅有 15 个。由此也可以看出，在闪电的不同过程中，先导光谱的获取难度要远大于回击的。主要原因为梯级先导是一个非常弱的电离过程，难以辐射出较强的谱线。

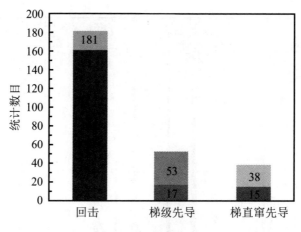

图 6-3 闪电资料统计

将梯级先导光谱谱线较清晰的闪电选取出来研究，如图 6-4 所示。图中给出了这次闪电的梯级先导和首次回击的光谱。其中，前 4 张为梯级先导的光谱，最后一张为首次回击的光谱。首次回击发生的时刻定义为 0 ms，梯级先导的时间依次为 –0.336 ms、–0.252 ms、–0.168 ms、–0.084 ms。高速摄谱仪的拍摄速度为每秒 11 816 张，每张图片的曝光时间为 84 μs。记录光谱波长范围为 400 ～ 1 000 nm，波长分辨率约为 1.1 nm。

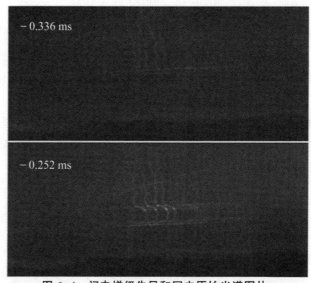

图 6-4 闪电梯级先导和回击原始光谱图片

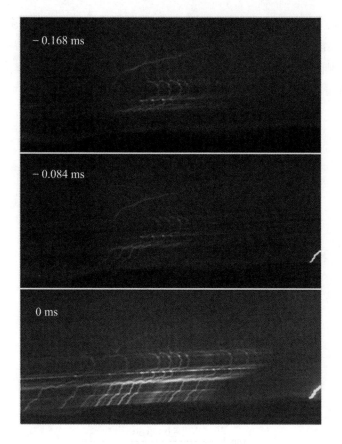

图 6-4   闪电梯级先导和回击原始光谱图片（续）

前 3 张图中，几条亮线均为梯级先导的光谱线，没有记录到原始通道。在 –0.084 ms 时刻，右下角出现了梯级先导接近地面时的一小段原始通道。首次回击中看到这一小段通道变亮变粗了。在 –0.336 ms 时刻，梯级先导向下传输，其光谱进入高速摄谱仪的视野并被记录到高速摄谱仪。在下一时刻，通过梯级先导光谱可以看出，梯级先导继续向下发展，同时光谱中谱线的亮度增加了。之后直到回击发生时，梯级先导的光谱谱线亮度也是有所增加的。

为了更形象地分析梯级先导的光谱变化，将图 6-4 中的原始图片转换为用谱线波长和强度表示的光谱图，如图 6-5 所示。需要注意的是，图 6-5 中的光谱采集位置为梯级先导的头部，即距离地面最近位置的光谱。可以看出，在梯级先导早期的光谱里，即在 –0.336 ms 时刻，能够比较明显地观测到近红外区域的氮和氧的 4 条原子线，分别为 N I 746.8 nm、

O I 777.4、N I 821.6 nm、N I 868.0 nm。之后的时间里，氢线 H$_\alpha$656.3 nm 开始逐渐变得清晰，同时 4 条氮、氧原子线的强度有所增强。当回击发生时，则观测到多条氮离子线出现，同时原子线的强度都增大了，几乎是梯级先导原子谱线强度的一倍多。

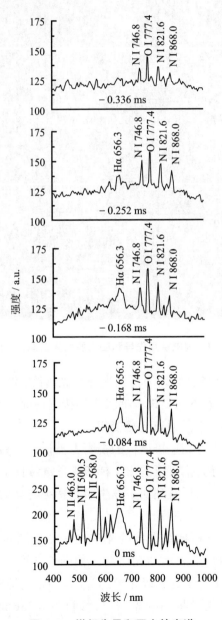

图 6-5　梯级先导和回击的光谱

Hill 等人 [28] 的研究表明，梯级先导前端（头部）的前面电晕区会出现一段孤立的发光柱，其亮度要大于或接近梯级先导前端的亮度，随后与梯级先导前端相接，产生反冲流光会沿着梯级先导前端向上传输一小段距离，从而使梯级先导前端的亮度增加。在本次研究的梯级先导中，结合图 6-4 和图 6-5 可以看出，梯级先导向下传输时，其头部（距离地面近处）辐射的谱线，强度是越来越强的。而在其尾部，辐射的谱线强度却越来越弱。也就是说，本研究中观测到的梯级先导的光谱变化与 Hill 等人的发现是一致的。

一般来说，闪电通道温度较高时，激发能较高的谱线出现的概率大，而温度较低时，不会出现较高激发能的谱线。表 6-1 给出了这次梯级先导和回击中出现的谱线及相应的激发能，可以看出，离子线的激发能要大于原子谱线的激发能。梯级先导中仅出现原子谱线，而回击中出现了多条离子线，说明梯级先导的温度是要低于回击温度的。同时通过光谱变化，可以判断出在梯级先导传输过程中，其头部的温度是逐渐升高的，而尾部的温度则越来越弱。

表 6-1　梯级先导与回击中观测的谱线及对应的激发能

波长 /nm	激发能 /eV
N II 463.0	21.159
N II 500.5	23.141
N II 568.0	20.665
H_α 656.3	12.087
N I 746.8	11.995
O I 777.4	10.740
N I 821.6	11.844
N I 868.0	11.763

在整个梯级先导的发展过程中，都没有记录到氮的离子线，这与 Warner 等人 [32] 报道的梯级先导光谱是一致的。但是 Orville[30] 报道的梯级先导光谱中出现了 N II 568.0 nm 和 N II 594.2 nm 这两条氮的离子谱线。这也许跟梯级先导之后首次回击的放电强弱有一定的关系。Warner 等人报道的梯级先导引起首次回击的放电电流约为 15 kA。一般来说，云地闪电首次回击电流大多数为 20 ~ 40 kA，由此可见 Warner 等人报道的这个闪电是一个放电较弱的闪电。这里可以推测，如果一个闪电的首次回击放

电较强，则在它的梯级先导光谱里应该能够观测到氮离子谱线；如果首次回击放电较弱，则在它的梯级先导光谱中，主要观测到的应该是氮和氧的原子谱线。

6.1.3　梯级先导的物理特性

闪电等离子体通道内的物理特性是雷电防护和预警的理论基础。本节基于闪电先导的光谱分析技术，运用多条氧原子谱线，计算了闪电梯级先导的温度、电子密度、电导率等物理参数，分析了梯级先导的物理特性。

这里选取了在青海高原地区利用高速摄谱仪拍摄的一次闪电梯级先导过程的时间分辨光谱[33]，高速摄谱仪的拍摄速度为 6500 帧 /s。图 6-6 所示为梯级先导在不同时刻的光谱图。梯级先导从云端传输到地面用时 4.77 ms，由于后期发光较弱，只有前 1.39 ms 的 10 张光谱图被记录到。梯级先导在高速摄谱仪视野内出现时定义为 0 μs。梯级先导向下传输过程中，在 t=616 μs 时，梯级先导通道头部出现节点，在出现节点前后，梯级长度和头部亮度有明显不同。出现节点之后，谱线的强度也出现了较大的增加。

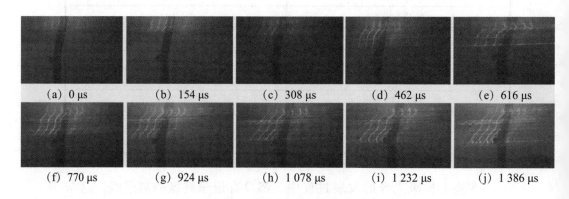

| (a) 0 μs | (b) 154 μs | (c) 308 μs | (d) 462 μs | (e) 616 μs |
| (f) 770 μs | (g) 924 μs | (h) 1 078 μs | (i) 1 232 μs | (j) 1 386 μs |

图 6-6　梯级先导的原始光谱

图 6-7 是用谱线相对强度表示的梯级先导通道头端随时间发展的光谱图，可以看出，梯级先导的光谱辐射以近红外波段的中性原子线为主导，其中 N I 746.8 nm、O I 777.4 nm、N I 821.6 nm、N I 868.0 nm 存在于整个梯级先导发展过程的光谱中。

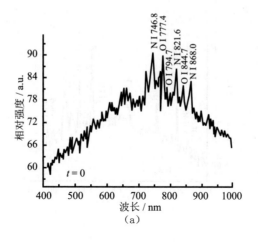

（a）

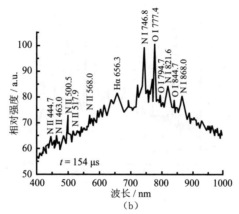

（b）

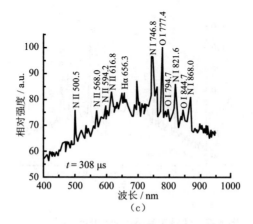

（c）

图 6-7 梯级先导不同时刻的光谱图

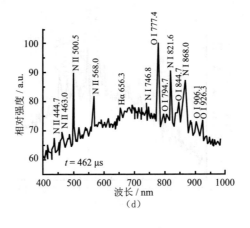

（d）

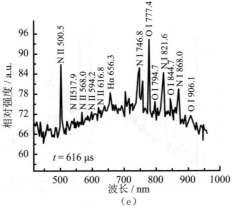

（e）

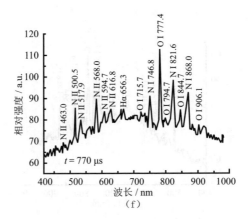

（f）

图 6-7　梯级先导不同时刻的光谱图（续）

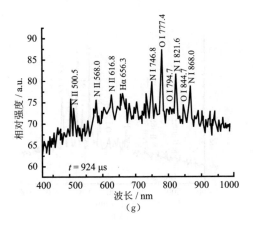

（g）

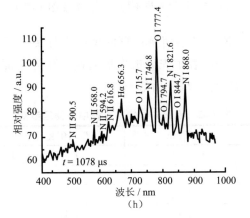

（h）

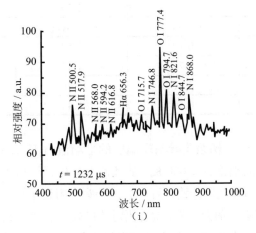

（i）

图 6-7　梯级先导不同时刻的光谱图（续）

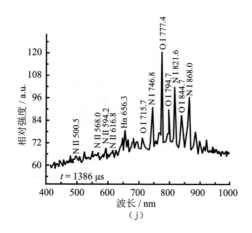

图 6-7 梯级先导不同时刻的光谱图（续）

表 6-2 给出了依据光谱信息计算的梯级先导传输过程中通道的各个物理参数。其中，Time 表示先导的发展时间，H 为头部距地面的高度，T_{tip} 和 T_{tra} 分别表示先导头部和后端温度。

表 6-2 梯级先导传输过程中各物理参量

Time/μs	H/km	$T_{tip}/10^4$ K	$T_{tra}/10^4$ K
0	1.05	1.38	1.36
154	0.99	1.49	1.40
308	0.90	1.49	1.42
462	0.90	1.57	1.43
616	0.84	1.59	1.47
770	0.80	1.61	1.50
924	0.78	1.57	1.47
1 078	0.75	1.47	1.43
1 232	0.71	1.46	1.39
1 386	0.69	1.44	1.38

从表 6-2 可知，梯级先导头端温度的平均值为 15 100 K。梯级先导后端的平均温度比前端低约 1 000 K。从理论上分析，等离子体的温度和电子密度呈正相关。梯级先导传输过程中，由于头部附近集聚了大量的电荷，相应地电场相对较强，所以电离及激发辐射效应较强，因此温度相对较高[34]。图 6-8 给出了梯级头部温度和后端温度的变化，它们的变化趋势基本一样。在 616 μs 附近通道形成了节点阶段，传输停滞，导致通道的温度升高。

之后到 770 μs 通道传输速度较快，热量没来得及扩散，所以温度继续升高，通道温度达到最大值。节点之后、接近地面附近，温度略有减小的趋势。由于传输过程中出现节点，对物理量随时间变化趋势的分析有一定影响。

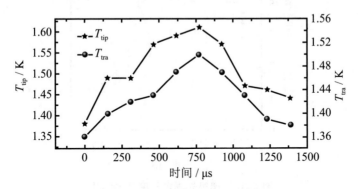

图 6-8　梯级先导头部温度和后端温度的演化

梯级先导的电子密度可通过 O I 777.4 nm 和 O I 844.3 nm 谱线的 Stark 加宽法来计算。使用两条谱线进行计算是为了对比结果。图 6-9 给出了通过洛伦兹函数曲线拟合得到电子碰撞贡献的宽度线轮廓。通过拟合能获得梯级先导光谱中 O I 777.4 nm 和 O I 844.6 nm 谱线的半高全宽。

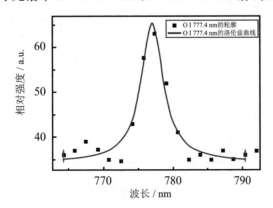

图 6-9　O I 777.4 nm 谱线洛伦兹曲线拟合

图 6-10 给出了由 O I 777.4 nm 和 O I 844.3 nm 两条谱线计算的电子密度[35]。从图中可以看到梯级先导发展初期通道电子密度最大，随着先导通道逐级向下发展，电子密度呈减小趋势。先导初期电荷大量积累，电场强度的剧增导致空气逐级击穿，在空气电离始端，由于电荷密度较大、电流较强导致先导初期电子密度较大，随着电离通道的不断开辟，电荷中

和，导致通道电流减小、电子密度呈下降趋势，温度逐渐降低。

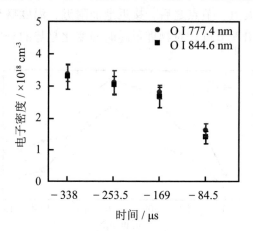

图 6-10　梯级先导电子密度的演化

用这两条谱线得出的电子密度的对比拟合图如图 6-11 所示。可以看出，由 O I 777.4 nm 谱线计算的电子密度与由 O I 844.6 nm 谱线计算的电子密度具有良好的一致性。由上述两条谱线所测得的电子密度误差非常小。

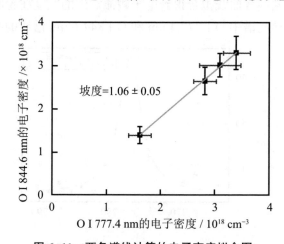

图 6-11　两条谱线计算的电子密度拟合图

根据 O I 844.6 nm 谱线 Stark 加宽计算出的梯级先导通道的电子密度，分析同一时刻梯级先导通道由云到地不同高度处的电子密度的变化情况，如图 6-12 所示。图中把地面高度定义为 0 km。在距地面 1.8 km 的通道位置，电子密度约为 $3.2 \times 10^{18}/cm^3$。在距离地面最近的通道位置对应的 0.9 km 通道高度处，电子密度为 $1.52 \times 10^{18}/cm^3$。同时刻梯级先导随放电通道高度降低，电子密度逐渐减小，到达地面附近时电子密度最低。结果还表明，电子密度随通道高度的减小而近似线性减小，先导通道电子密度约比回击通道电子密度低一个数量级[36]。

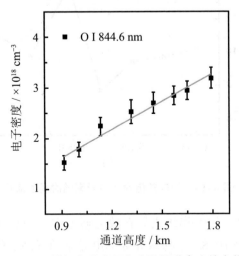

图 6-12　梯级先导电子密度随通道高度的变化

　　需要注意的是，电子密度可以用许多不同的方法计算，但是 Stark 展宽受通道温度影响很弱，因此，可以很好地确定电子密度。利用闪电放电所辐射出的不同元素的谱线也可以对其电子密度进行研究，在梯级先导光谱中，中性氧和中性氮的谱线是最强的。一般来说，对于氮元素的谱线 N I 746.8 nm、N I 821.6 nm、N I 868.0 nm，是不用来测量电子密度的。例如，在 N I 746.8 nm 谱线附近，还存在有 N I 744.2 nm 和 N I 742.3 nm，即氮的另外两条强谱线，这会影响 N I 746.8 nm 谱线的轮廓。因此，用氧元素的谱线计算闪电梯级先导的电子密度更为合理。

　　在得到梯级先导的通道电子密度之后，利用等离子体导电理论，可进一步得到梯级先导的电导率。图 6-13 给出了闪电梯级先导的电导率随时间的变化。图中 0 时刻对应闪电首次回击，0 时刻之后分别为直窜先导和继后回击，0 时刻之前为梯级先导。闪电首次回击之前，梯级先导的电导率较低，并且呈下降趋势。该值在 $7.73 \sim 10.14 \times 10^3$ S/m 范围内，平均值为 9.50×10^3 S/m。首次回击、直窜先导和继后回击的电导率要高于梯级先导。梯级先导的电导率变化与温度和电子密度演化有一定的一致性。

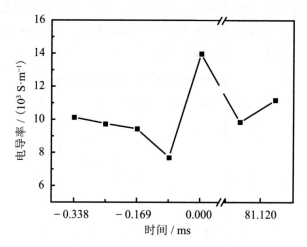

图 6-13　闪电放电通道电导率随时间的演化

图 6-14 给出了闪电梯级先导在放电通道中不同高度处的电导率,数值的平均值为 $8.5×10^3$ S/m。梯级先导的电导率随着高度的降低也在减小,这与 Guo et al.[37] 报道的闪电回击通道中不同高度处的电导率变化趋势相同,也与梯级先导电子密度随高度的变化趋势一样。

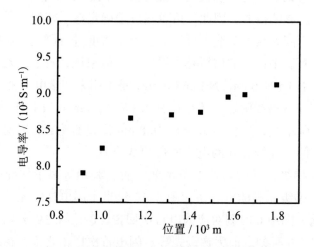

图 6-14　闪电梯级先导电导率随高度的演化

6.1.4　梯级先导的传播特性

闪电梯级先导的发展与紧随其后回击过程的放电特征密切相关，梯级先导的传播特征对闪电发生过程物理机制的研究具有重要意义。无狭缝高速摄谱仪拍摄的照片不仅含有光谱信息，还能通过观测谱线及其强度来研究梯级先导的几何形状和光强变化。

通过高速摄谱仪所采集到的光谱资料，可以分析闪电梯级先导在传输过程中速度的变化。在 53 个记录到梯级先导的闪电中，有些闪电由于障碍物的遮挡，观测不到它们下半个通道的发展。高速摄谱仪记录到的梯级先导通道发展到地面的闪电有 21 个。这 21 个闪电的拍摄速度为 3 000 ~ 11 816 帧 / 秒。选取这 21 个闪电来对梯级先导在接地时速度的变化进行统计分析，统计结果如表 6-3 所示。

表 6-3　梯级先导在接地时速度的变化统计

变化趋势	百分比 /%
加速	76.2
减速	23.8

由表 6-3 看出，梯级先导在接近地面时既有加速的，也有减速的，且加速的居多。图 6-15 给出了一次在接地时加速的梯级先导速度随通道高度的变化。这个梯级先导的平均速度为 2.65×10^5 m/s。它在接地时速度达到 4.5×10^5 m/s，是 0.4 km 高度处速度的 4 倍多。

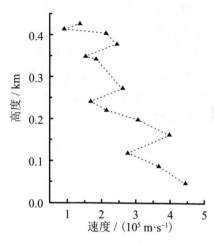

图 6-15　梯级先导速度随高度的变化

    图 6-16 给出了一次在接地时减速的梯级先导速度随通道高度的变化。可以看出，在接近地面的时候，速度逐渐减小；到达地面时，速度约减小到 $0.75×10^5$ m/s。Campos 等人[38] 将梯级先导的速度变化分为 3 类：加速的、减速的和无规则的。从整体来看，这个闪电在离地面较高时，其速度变化是无规则的；在接近地面时，速度减小。

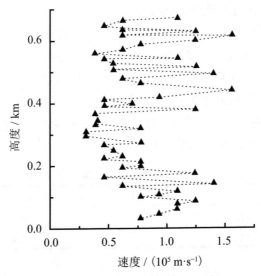

图 6-16　梯级先导速度随高度减小的变化

    在梯级先导传输过程中有较多的分支，如果有两个或者多个分支同时到达地面，则形成多接地闪电。通过电场变化很难确定闪电是否是多接地闪电，而通过高速摄像机拍摄到闪电通道光学结构则可以直观地看出接地点情况，并能分析整个发展过程。图 6-17 给出了一次双接地闪电的梯级先导速度随高度的变化：在分支之前，平均速度约为 $3.8×10^5$ m/s；在0.35 km 高度处，开始出现分支，a 分支和 b 分支的速度有一个小的加速；在离地约 0.2 km 高度处，都开始减速；接地时，速度最小。整体来看，分支之后两个分支的速度都减小了。

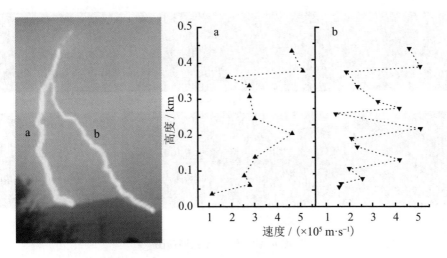

图 6-17　双接地闪电梯级先导速度与高度的关系

　　利用梯级先导的光谱信息可将通道的发光信息进行数字化分析，这一工作将会为进一步定量研究闪电先导通道的传播特性奠定基础。图 6-18（a）、图 6-18（b）、图 6-18（c）分别给出了闪电 A 梯级先导发展过程中的主通道、完整梯级先导通道和标记了样点的通道图。其中，图 6-18（a）中相邻两帧图片间的时间间隔为 206 μs，符号 b_i 表示主通道的分支。图 6-19（a）、图 6-19（b）、图 6-19（c）分别给出了闪电 B 的梯级先导传输阶段的主通道、反转灰度值的完整梯级先导通道和样点标记通道图。其中，图 6-19（a）中相邻两帧图片间的时间间隔为 103 μs，符号 b_i 表示主通道的分支。图 6-20（a）和图 6-20（b）分别给出了闪电 C 灰度反转的完整梯级先导通道和标记了样点的通道。其中，图 6-20（a）中相邻两帧图片间的时间间隔为 666 μs，符号 b 表示主通道的分支[39]。根据观测距离估计的闪电 A、B、C 的可见通道长度分别约为 1560 m、1370 m 和 370 m。

(a) 主通道

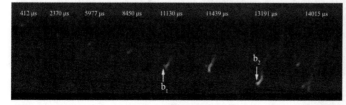

(b) 完整先导通道　　　　　　　　　　　(c) 样点标记通道

图 6-18　闪电 A 的通道图

(a) 主通道

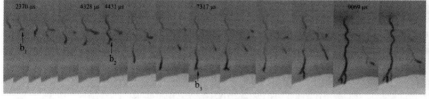

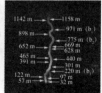

(b) 完整先导通道　　　　　　　　　　　(c) 样点标记通道

图 6-19　闪电 B 的通道图

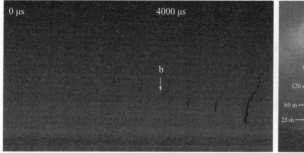

(a) 完整的先导通道　　　　　　　　　(b) 样点标记通道

图 6-20　闪电 C 的通道图

图 6-21（a）、图 6-21（b）、图 6-21（c）分别给出了闪电 A、B、C 梯级先导通道在样点位置相对发光强度随时间的演化。其中，图 6-21（a）~ 图 6-21（c）的时间坐标和相应闪电在图 6-18 ~ 图 6-20 中的时间标记一致，符号 b_i 代表主通道的分支，竖直的虚线表示分支出现的时间。从图 6-21 可以看出，闪电 A、B、C 的梯级先导通道从云端向地面发展的过程中，在先导头部到达的每一位置，其发光强度都会出现一个亮度脉冲，即第一个亮度脉冲。

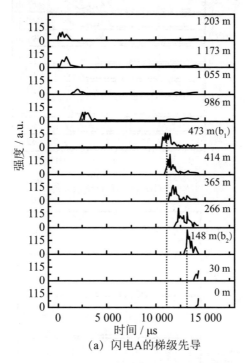

(a) 闪电A的梯级先导

图 6-21 闪电 A、B、C 梯级先导在样点位置通道发光强度随时间的变化

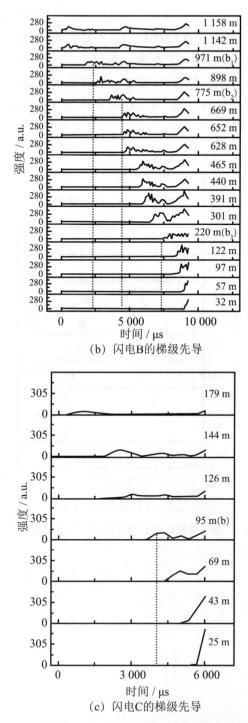

（b）闪电B的梯级先导

（c）闪电C的梯级先导

图 6-21　闪电 A、B、C 梯级先导在样点位置通道发光强度随时间的变化（续）

由图 6-21（a）可以看出，对闪电 A 的第一亮度脉冲，在样点 473 m、414 m、365 m、266 m 和 148 m 位置的脉冲峰值大约是其他位置脉冲峰值的 2 倍。由图 6-18（b）可以发现，当闪电 A 的梯级先导头部传播到样点 473 m 位置附近时，主通道上出现了分支 b_1，当先导传播到样点 148 m 位置附近时，主通道上出现了分支 b_2，分支的出现导致其附近的亮度增大，如 414 m、365 m 和 266 m。当地闪 A 的梯级先导头部通过每一位置后，亮度脉冲会消失，且通道发光强度基本保持稳定，直到梯级先导接近地面时，通道的发光强度会略微增强。例如，样点 986 m 处，在约 2 500 μs 和 10 000 μs 之间，其梯级先导通道的发光强度基本保持稳定状态，而在约 10 000 μs 之后，通道发光强度有小幅度增强。

由图 6-21（b）可以看出，闪电 B 的梯级先导通道在先导头部通过每一个样点后，该样点位置的亮度脉冲消失，且通道的亮度保持稳定。但在约 4 431 μs 时，从 1 158 m 到 775 m，以及在约 7 317 μs 时，从 628 m 到 301 m，梯级先导通道再次出现了亮度脉冲。从图 6-19（b）可以看出，在 4 431 μs 时整个先导通道的亮度，以及在 7 317 μs 时先导通道头部的亮度均有明显的增强。同时也可以看到，分支 b_2 在约 4 431 μs 时出现在先导通道 775 m 位置附近，而分支 b_3 在约 7 317 μs 时出现在通道的 220 m 位置附近。所以，先导通道亮度的增强应该与这些分支的出现有关。此外，当梯级先导传播至接近地面时（约在 9 069 μs），地闪 B 先导通道上的所有位置亮度增强，这与已有的报道[40]结果一致。

由于闪电 C 的梯级先导通道在云端的发光强度较弱，所以图 6-21（c）中仅给出了在离地高约 200 m 范围内的通道亮度变化。可以看出，与闪电 A、B 类似，先导头部在通过每一个位置之后，该位置的发光强度也基本保持稳定。而出现分支的位置附近，先导通道会再次出现亮度脉冲。例如，在图 6-21（c）中，约 4 000 μs 时先导通道发展到样点 95 m 位置附近，分支 b 的出现引起了 95 m、69 m 等位置的通道头部亮度增强。同样，梯级先导通道在接近地面时，整个先导通道的亮度都会增强，且此时先导头部的光强幅值强于尾部的光强幅值。

图 6-22（a）、图 6-22（c）、图 6-22（e）分别给出了闪电 A、B、C 梯级先导的二维速度和对应的移动平均速度随时间的变化。其中，符号 b_i 代表主通道的分支，三角符号标记速度的减小，竖直的虚线表示亮度增强的时间前沿。可以看出，随着梯级先导传播接近地面，闪电 A 和闪电 C 的梯级先导传播速度或多或少地呈现增大趋势。而闪电 B 的梯级先导

传播速度随时间的变化没有明显的单调趋势。上述关于地闪梯级先导传输速度变化的规律与其他文献报道的结论一致[41, 42]。

图 6-22（b）、图 6-22（d）、图 6-22（f）分别给出了闪电 A、B、C 梯级先导头部亮度随时间的变化。其中，符号 b_i 代表主通道的分支，三角符号标记速度的减小，竖直的虚线表示亮度增强的时间前沿。可以看出，闪电梯级先导通道头部亮度在接近地面的时候，都或多或少地呈现出增强趋势。在图中，用竖直的虚线表示分支出现时亮度增强的时间前沿，用三角符号表示对应先导传播速度的减小。闪电通道上分支的出现，引起了主通道头部亮度的增强和传播速度的减小。

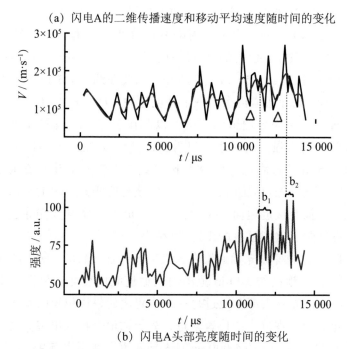

(a) 闪电A的二维传播速度和移动平均速度随时间的变化

(b) 闪电A头部亮度随时间的变化

图 6-22 地闪 A、B、C 的二维传播速度和移动平均速度随时间的变化，以及头部亮度随时间的变化

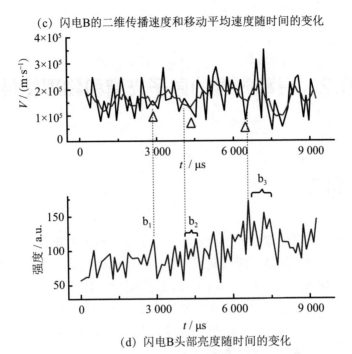

（c）闪电B的二维传播速度和移动平均速度随时间的变化

（d）闪电B头部亮度随时间的变化

（e）闪电C的二维传播速度和移动平均速度随时间的变化

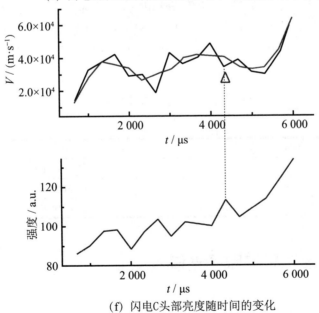

（f）闪电C头部亮度随时间的变化

图6-22　地闪 A、B、C 的二维传播速度和移动平均速度随时间的变化，以及头部亮度随时间的变化（续）

6.2 直窜先导的原子光谱和物理特性

6.2.1 引言

首次回击之后的继后回击由直窜先导激发。直窜先导沿着梯级先导已经开辟的通道向下传输，所以其速度要远快于梯级先导。光学观测显示直窜先导的二维速度在 $10^6 \sim 10^7 10$ m/s 数量级[43]，要高于梯级先导速度 1 到 2 个数量级。统计显示，直窜先导的速度与直窜先导距前一次回击的时间间隔有关，高的速度对应短的时间间隔，低的速度对应长的时间间隔[44]。直窜先导一般在接近地面时速度会减小。

直窜先导的光谱在 1975 年由 Orville 报道出来[45]，他利用无狭缝光谱仪在胶片上记录了波长范围为 395 ~ 510 nm 的光谱，并且利用记录到的两条氮离子线 N II 444.7 nm 和 N II 463.0 nm 计算出了直窜先导的温度约为 20 000 K，具体如表 6–4 所示。

表 6–4 直窜先导的温度

单位：K

先导序号	温度
1AD1	20 500±10%
2AD1	19 500±15%
2AD2	20 800±10%

6.2.2 直窜先导的原子光谱

直窜先导光谱资料来自在青海高原地区所进行的野外雷电光谱观测实验，由高速摄谱仪获得。一个具有 6 个回击的闪电在距离观测点约 7.14 km 处被高速摄谱仪拍摄。高速摄谱仪的拍摄速度为 9 110 帧 / 秒，每张图片的曝光时间为 109 μs。6 个回击依次命名为 R0、R1、R2、R3、R4、R5。R0 表示闪电的首次回击，余下的表示相应的继后回击。直窜先导发生在继后回击之前，有 5 个，依次定义为 DL1、DL2、DL3、DL4、DL5。DL1 表示引起继后回击 R1 的直窜先导，其余的同理。每个回击的通道及光谱都被清晰地记录到。梯级先导由于发光太弱，没有记录到它的光谱。5 个直窜先导都记录了通道的发展情况，但是只有直窜先导 DL4 的发射光谱较强，高速摄谱仪较清晰地记录了它的光谱。

　　高速摄谱仪拍到两张连续的直窜先导 DL4 的光谱图片，第三张已经发生回击 R4。图 6-23 给出了直窜先导 DL4（前两张）和回击 R4（第三张）的原始光谱图片[46]。图片中，右边为通道，左边为光谱，左下角标记为记录时间。这 3 张图片是连续拍摄的，每张图片的时间间隔为 110 μs。在时刻 17：06：33.884 767.00，DL4 的谱线强度很弱，但是在下一时刻，谱线明显增多，且强度增强。回击 R4（17：06：33.884 767.00）发生时，光谱中谱线更加丰富，且强度达到顶峰。

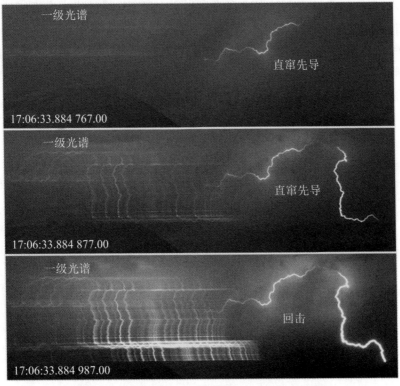

图 6-23　直窜先导 DL4 和回击 R4 的原始光谱图

前面所研究的梯级先导光谱中，梯级先导向下传输时，其头部辐射的谱线强度是越来越强的；而其尾部，辐射的谱线强度却是越来越弱。在直窜先导光谱中，并不是这样的现象。从图中可以看出，其头部和尾部辐射出来的光谱谱线强度都是增强的。这也反映了直窜先导和梯级先导向下发展的物理机制是有所差别的[46]。

为了更细致地分析直窜先导的光谱变化，将这 3 张原始图片转换为用谱线波长和强度表示的光谱图，如图 6-24 所示。可以看出，在直窜先导的早期，即 17：06：33.884 767.00，只能观测到近红外区域的氢（H_α）、氮（N I）和氧（O I）原子线。之后，在直窜先导快要接地时（17：06：33.884 877.00），在可见区域 400 ~ 700 nm 出现了强的氮离子线。同时，近红外区域的氮和氧原子线强度也明显增大。

Orville 报道的直窜先导的工作中[40]，共观测到 4 条氮离子线，分别为 N II 399.5 nm、444.7 nm、463.0 nm 和 500.5 nm。相比之下，本工作给出了直窜先导更为全面的光谱。氧线 O I 777.4 nm 是这些线中强度最大的，且在直窜先导整个过程中都能观测到。直窜先导的光谱在近红外区域的谱线及轮廓与梯级先导的光谱[31]比较相似。继后回击 R4 的光谱也在图 6-24 中给出。可以看到直窜先导记录到的谱线在回击的光谱中都能被观测到。表 6-5 列出了直窜先导和回击光谱中出现的谱线以及对应的激发能[47]。

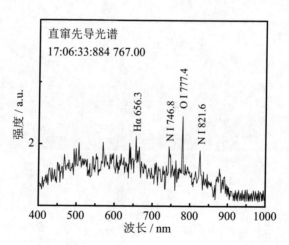

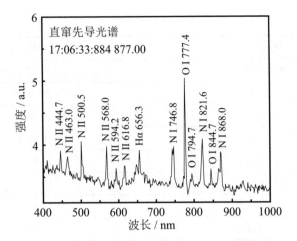

图 6-24　直窜先导 DL4 和回击 R4 的光谱

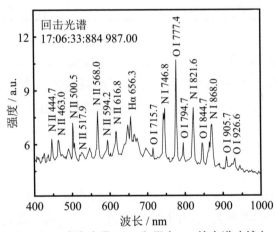

图 6-24　直窜先导 DL4 和回击 R4 的光谱（续）

表 6-5　直窜先导和回击中观测的谱线及对应的激发能

波长 /nm	激发能 /eV
N II 444.7	23.196
N II 463.0	21.159
N II 500.5	23.141
N II 517.9	30.138
N II 568.0	20.665
N II 594.2	23.239

续表

波长 /nm	激发能 /eV
N II 616.8	25.151
N II 648.2	20.409
H$_\alpha$ 656.3	12.087
O I 715.7	14.460
N I 746.8	11.995
O I 777.4	10.740
O I 794.7	14.100
N I 821.6	11.844
O I 844.6	10.988
N I 868.0	11.763
O I 926.6	12.078

在直窜先导前期的光谱里，只有激发能较低且强度较弱的 H$_\alpha$、N I 和 O I 原子线出现，之后出现了激发能较高的强氮离子线，这说明直窜先导在传输过程中温度是增加的。另外，回击光谱中出现了直窜先导里没有的谱线 N II 517.9 nm、O I 715.7 nm、O I 906.1 nm 和 O I 926.6 nm，且这些线的激发能都相对较高，也说明了回击的温度要高于直窜先导的温度。

直窜先导的亮度一般要低于回击通道的亮度。以往研究这二者的亮度时，都是直接读取各自通道的光亮度进行比较。这里将通过光谱的方法来研究二者的强度关系。选取直窜先导光谱和回击光谱中都出现的谱线，在通道同一位置处读取它们的强度，然后获得比值。表 6-6 给出了直窜先导（DL4）与回击 R4 中不同谱线的强度比值。I_D 表示直窜先导中的谱线强度，I_R 表示回击中的谱线强度，r 表示二者之间的比值。

表 6-6　直窜先导和回击不同谱线的强度比

波长 /nm	I_D/a.u.	I_R/a.u.	r/a.u.
N II444.7	3.91	6.35	0.616
N II463.0	3.84	6.21	0.618
N II568.0	3.98	7.66	0.519
N II594.2	3.55	6.25	0.568

续表

波长 /nm	I_D/a.u.	I_R/a.u.	r/a.u.
N II 616.8	3.68	6.74	0.545
N I 746.8	3.98	8.0	0.497
O I 777.4	5.04	10.72	0.47
N I 821.6	4.11	8.04	0.511
N I 868.0	3.79	7.21	0.525
光谱总强度	2083	3257	0.63

可以看出，各条谱线的强度比值为 0.47 ~ 0.618。激发能较高的氮离子线算出的比值要略大于激发能较低的原子线算出的比值。光谱总强度的比值也在表中给出，值为 0.63。这个比值的大小与回击的光强有较大的关系，即，大的比值对应于发光强的回击[47]。表 6-7 给出了各个直窜先导对应的回击光强 I。直窜先导 DL4 对应的回击光强是最强的，是其他回击光强的 2 到 3 倍。这也证实了大比值是与回击发光强度有较大的关联。

表 6-7　直窜先导的参数

名称	I/a.u.	V/（10^6 m/s）	t/ms
DL1	4334	4.46	59.4
DL2	4244	1.49	169.0
DL3	3447	6.11	17.8
DL4	10475	15.58	44.4
DL5	5725	4.36	61.6

6.2.3　直窜先导的物理特性

直窜先导 DL4 不同高度处的光谱在图 6-25 中给出。除了近红外波段的中性原子谱线，与梯级先导相比，直窜先导光谱中可见波段离子线强度明显增强。从图 6-25 中能够清晰地观测到可见波段的 N II 线，并且各条谱线相对强度较强。从光谱结构可以推断，直窜先导通道的温度应高于梯级先导通道温度。另外，沿通道传输方向从高到低，可见波段的离子线强度总体逐渐增强，其中，激发能较高的谱线强度逐渐增强，而激发能相对较低的谱线的强度也略显增强，由此推断，直窜先导沿传输方向通道温度逐渐升高。

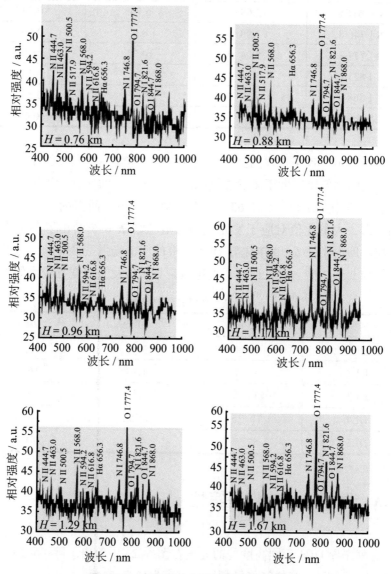

图 6-25   直窜先导中不同高度的光谱图

表 6-8 列出了依据光谱信息得到的梯级先导在通道不同高度处的各个物理参数。其中，H 为通道离地面的高度；T 为通道温度；N_e 为电子密度；σ 为电导率。直窜先导通道的平均温度为 2.16×10^4 K，电子密度为 1.05×10^{17} /cm^3，电导率为 1.34×10^4 S/m。直窜先导的通道温度一般低于回击通

道温度，电子密度和电导率也低于文献报道的回击通道的相应数值，但数量级相同。

表 6-8　直窜先导不同高度处的温度、电子密度、电导率

H/km	T/10^4K	N_e/ (10^{17}/cm^3)	σ / (10^4S/m)
0.76	2.20	1.36	1.37
0.85	2.19	1.35	1.37
0.87	2.17	1.09	1.35
0.89	2.19	1.13	1.36
0.94	2.20	1.30	1.37
1.01	2.18	1.27	1.36
1.14	2.16	1.11	1.34
1.26	2.12	0.70	1.31
1.29	2.09	0.64	1.29
1.51	2.09	0.77	1.29
1.64	2.08	0.66	1.28

图 6-26 给出了直窜先导通道温度与电导率随高度的变化。温度和电导率随着通道高度的减小呈增加趋势，说明在直窜先导向下传播的过程中，温度和电导率呈增加的趋势，这与梯级先导有所不同。

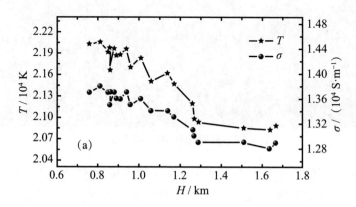

图 6-26　直窜先导温度与电导率随高度的变化

直窜先导 DL1 共有 9 张图片被记录，如图 6-27 所示。在直窜先导 DL1 的图片中，只能看到通道的发展情况，看不到它的光谱。由表 6-7 可知，它之后的回击光强也比较弱。在这 5 个直窜先导中，只有 DL4 的光谱被清楚地记录到，而它之后的回击 R4 光强也是最强的，这也说明了在继后回击非常强的情况下，才有可能记录到直窜先导的光谱。

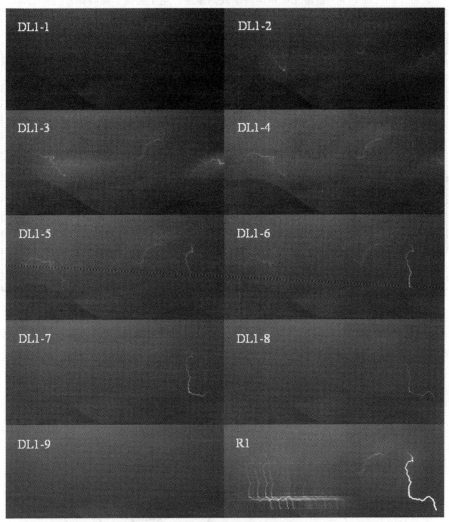

图 6-27　直窜先导 DL1 的发展过程

表 6-7 还给出了这 5 个直窜先导的平均传输速度 V，以及它们距离前一次回击的时间间隔 t。直窜先导的平均传输速度为 6.4×10^6 m/s，这与其他报道的直窜先导速度量级是一致的。直窜先导 DL2 的速度是最小的，其对应的与前一回击的时间间隔是最大的。但是直窜先导 DL3 与前一回击的时间间隔是 17.8 s，为最小，而 DL3 的平均速度不是最大的。直窜

先导 DL4 的平均速度是最大的，可时间间隔也不是最小的。由此可以初步判断直窜先导的速度与时间间隔并不是绝对的反相关关系。

为了进一步研究直窜先导平均速度以及它与前一次回击的时间间隔的关系，我们选取了野外实验中记录的 37 个直窜先导来进行统计分析。结果在图 6-28 中给出。图中实线为拟合曲线，从统计中可知，随着直窜先导的平均速度的增大，时间间隔是减小的。也就是说，直窜先导速度较快时，它与前一回击的时间间隔比较短。这是一个统计的规律，对于有些个例可能会不适用。

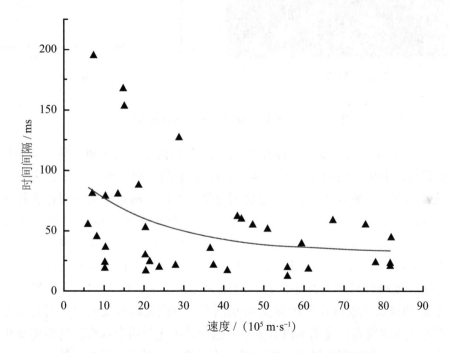

图 6-28　直窜先导平均速度与据前一次回击的时间间隔的关系

闪电通道虽然很长，但是由于云体的遮挡，光学观测一般只能记录到通道出了云体向下发展的阶段，很难记录到通道在云体里面横向发展的过程。直窜先导 DL1 共记录到 9 张图片，它记录了通道很长的一段横向发展过程，可以用来分析直窜先导发展过程中速度的变化。图 6-29 给出了直窜先导 DL1 形成回击的通道以及它在发展过程中的瞬时速度。直窜先导通道在发展过程中可以分为横向由 A 向 B 传输和纵向由 B 到 C 传输两部分。由速度分布可以看出，直窜先导横向速度要快于纵向速度。

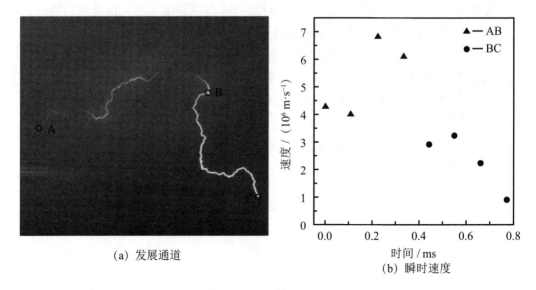

(a) 发展通道

(b) 瞬时速度

图 6-29 直窜先导 DL1 的发展通道及瞬时速度

图 6-30 以 103 μs 的时间间隔给出了某次闪电第二次回击前直窜先导的传播。其中，时间标记和图 4-4（d）横轴的时间一致，符号 b_i 表示主通道的分支。图 6-31 给出了这次闪电第二次回击前直窜先导通道在样点位置相对发光强度随时间的演化。其中，时间坐标和图 6-30 中的时间标记一致，符号 b_i 代表主通道的分支，竖直的虚线表示分支出现的时间。由图 6-31 可以看出，对于直窜先导，其通道上所有位置的发光强度都是到达亮度峰值后单调减小，且在直窜先导通道上，样点 971 m 位置的分支 b_1 和样点 220 m 位置的分支 b_3 仍然存在，但此时分支的存在对直窜先导主通道的发光强度基本没有影响，这与梯级先导通道观察到的亮度变化特征不同。在直窜先导接近地面时，通道的发光强度呈减小趋势。

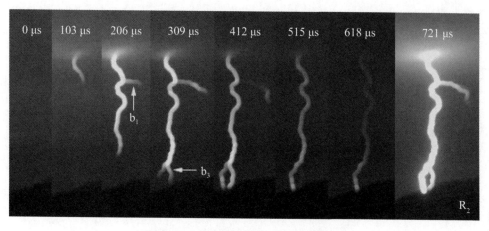

图 6–30　某次闪电的直窜先导发展图

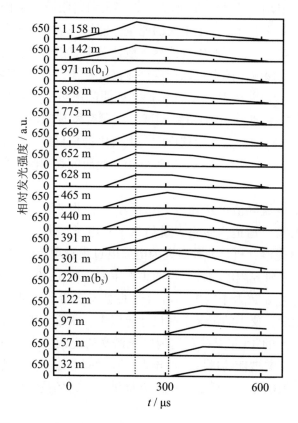

图 6–31　直窜先导在样点位置通道发光强度随时间的变化

6.3　闪电回击的原子光谱和物理特性

6.3.1　引言

　　回击是闪电最主要的放电过程。闪电中最大的电流、最强的发光和最强的电磁辐射均发生于回击过程[48-54]。人们肉眼看到的闪电一般就是回击。闪电回击发生时，产生很大的能量，能够将空气中的氮气和氧气合成氮气释放到空气中，可产生自然界一般情况下难以合成的化合物。物理学家也在很早就探测出闪电可以产生许多高能粒子，如 γ 射线等。特别是近期，Enoto 等人[55]在 *Nature* 发表论文证明闪电可引发核反应，将闪电研究带入了高能物理[56-58]的研究领域。该研究发现闪电引发的一波 γ 射线光子与大气核碰撞，并产生核反应。大气中的核反应产生中子和不稳定的放射性同位素，并在衰变中产生正电子。此研究表明闪电是天然的高能离子加速器。

　　闪电回击电流峰值可达几十、几百甚至上千安培，使通道的峰值温度高达 30 000℃，通道内聚集大量的离子和电子，形成典型的等离子体通道[59]。闪电光谱分析是一种研究闪电放电过程物理特性的有效手段[60]。通过闪电光谱来研究闪电物理特性的工作主要集中于 20 世纪 60 年代，而且大多数工作主要致力于闪电回击通道的温度诊断[61]。当时受限于仪器的低感光灵敏度、狭小的记录空间尺寸等因素，很难获得高质量的闪电回击光谱。在之后的 40 年里，利用闪电光谱来研究闪电物理特性的工作几乎没有取得任何突破性的进展。近年来，高时间分辨、高感光灵敏度摄像机的出现，为闪电光谱工作的继续研究提供了可行的技术保障。

6.3.2　回击的原子光谱

回击光谱资料来自在青海高原地区进行的野外雷电光谱观测实验。闪电回击的光谱是由高速无狭缝摄谱仪获得的。高速摄像机记录图片的速度为每秒 9 110 张，每张图片的曝光时间为 109 μs。光谱的波长范围为 400 ~ 1 000 nm。选取资料为一次 6 回击的闪电。这 6 次回击的原始图片在图 6-32 中给出，可以看出，每张图片不仅记录了闪电的原始通道，也记录了闪电通道的一级光谱。每张图片以闪电回击次序命名，如 R0 表示闪电的首次回击，R1、R2、R3、R4、R5 表示相应的继后回击。回击 R0 是首次回击，可以清楚地看到通道有两个分支，而继后回击没有分支。同一次闪电不同回击过程的光谱是在相同的观测距离和曝光参数下拍得的，光谱强度与通道发光亮度是一个正比的关系。回击 R0 和 R4 的通道发光较亮且它们的一级光谱中谱线也比较清晰；而对于通道发光亮度较弱的回击，如 R1、R2，它们的光谱中，谱线强度则比较弱。

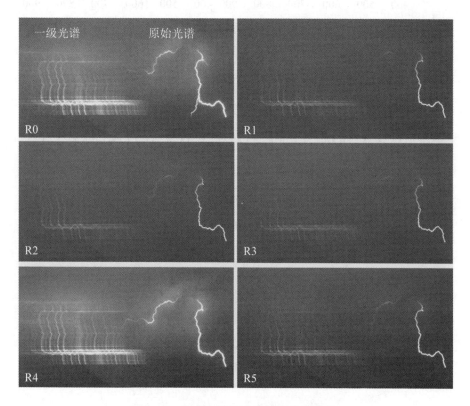

图 6-32　闪电 6 次回击的原始光谱图片

原始光谱是对云外全部放电通道分光的图片，为了定量分析，在通道上选取光谱分辨比较好的位置，将其转化为用谱线相对强度和波长表示的光谱图。图 6-33 给出了这 6 次回击的光谱图，其中横坐标表示波长，纵坐标为谱线相对强度。将首次回击 R0 发生的时刻定义为 0 ms，即 R0（0 ms），则其余 5 次继后回击发生的时刻 R1（58 ms）、R2（224 ms）、R3（242 ms）、R4（285 ms）、R5（346 ms）也相应在图 6-33 中给出。

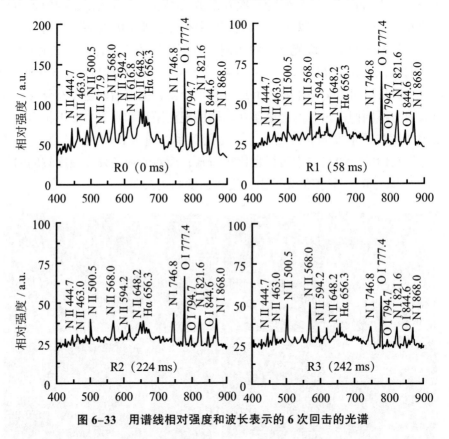

图 6-33　用谱线相对强度和波长表示的 6 次回击的光谱

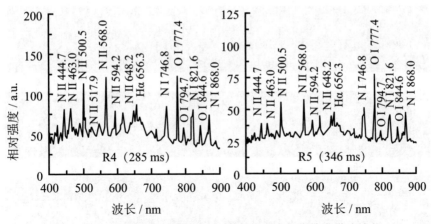

图 6-33　用谱线相对强度和波长表示的 6 次回击的光谱（续）

可以看出，这 6 次回击的光谱、谱线、光谱轮廓基本一致，是同一闪电的不同回击具有的共性。而不同的云地闪电则没有这样一致的谱线轮廓[62-64]。另外，氮离子线 N II 444.7 nm、463.0 nm、500.5 nm、568.0 nm、594.2 nm、616.8 nm、648.2 nm，氢原子线 H_α 656.3 nm，氮原子线 N I 746.8 nm、821.6 nm、868.0 nm，氧原子线 O I 777.4 nm、794.7 nm、844.6 nm 出现在所有回击的光谱中，但是它们的相对强度则不同，同时也只有 N II 517.9 nm 出现在首次回击 R0 和继后回击 R4 的光谱中，这也反映了同一闪电不同回击之间光谱的差异性。

首次回击 R0 过程中闪电通道的时间分辨光谱图片也被高速摄谱仪记录下来。时间分辨图片在图 6-34 中给出[65]。首次回击过程中，R0 发生的时刻为 0 ms，之后的 0.8 ms 内记录到 8 张连续光谱图片。可以看出，首次回击发生时，通道最亮，且其一级光谱出现的谱线条数也最多，之后，通道亮度逐渐减弱，光谱中谱线条数开始减少，到了 0.8 ms，通道亮度以及谱线都变得非常弱。由此可知，首次回击发生后，通道的光亮度以及一级光谱的光强度都呈逐渐减弱的趋势，且一级光谱的谱线条数是逐渐减小的。

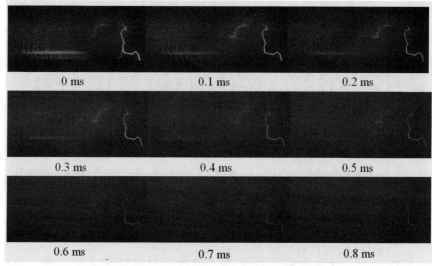

0 ms   0.1 ms   0.2 ms

0.3 ms   0.4 ms   0.5 ms

0.6 ms   0.7 ms   0.8 ms

图 6-34　首次回击 R0 后的时间分辨原始光谱图片

　　为了更形象地分析首次回击 R0 中光谱的变化，我们将这些原始光谱图片转换为用谱线相对强度和波长表示的光谱图，如图 6-35 所示。可以看出，在首次回击发生后的不同时刻，闪电通道的光谱存在很大的差别。首次回击发生时（0 ms），在可见区域内，即波长范围为 400 ~ 700 nm，除了 1 条氢原子线，还可以明显地观测到多条氮离子线。在近红外区域，即波长范围为 700 ~ 900 nm，则能够观测到氮和氧的原子线。近红外区域谱线的强度要稍大于可见区域的谱线。在 0.1 ms 时，可见区域的氮离子线基本消失，只剩下氢原子线和近红外区域的氮氧原子线，且它们的强度明显减小。在 0.2 ms 时刻，氢原子线 H_α 656.3 nm 以及氧原子线 O I 794.7 nm 也消失，同时剩余谱线的强度再次减弱。之后在 0.6 ms 内，谱线的条数以及谱线的强度都在减小。到 0.8 ms 时，只剩 O I 777.4 nm 存在且其强度几乎接近背景强度。由此可知，首次回击发生时，可以观测到闪电通道最强的光谱，之后，闪电通道的光谱强度会逐渐减弱，观测到的谱线条数也会在几百微秒内迅速减少直至消失。

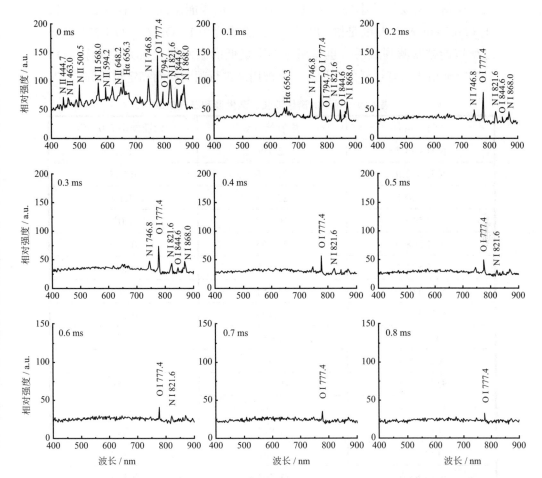

图 6-35　用谱线相对强度和波长表示的首次回击 R0 发生后的时间分辨光谱

首次回击发生后，谱线条数的减少次序与各条谱线相对应的物理参数有较大的关系。表 6-9[66-69] 列出了这次闪电观测到的谱线波长以及相应的激发能和跃迁概率。可以看出，这些氮离子线（N II）的激发能为 20.409 ~ 30.138 eV，而氮（N I）、氧（O I）和氢（H_α）原子线的激发能为 10.740 ~ 14.1 eV。原子线的激发能要小于离子线的激发能。在首次回击 R0 发生及之后的过程中，其光谱变化可以这样解释：首次回击发生时，即在 0 ms 时刻，对应于最强的电流和最高的温度[70, 71]，在这样的通道内，大多数空气分子，如 N_2、O_2，被电离，以离子和电子和少数原子的形式存在，此时便能记录到多条氮离子线。之后，在 0.1 ms 时刻，通道电流迅速减弱，而通道温度也下降，此时激发能较高的 N II 线则消失，只剩下激发能较小的 N I、O I、H_α 原子谱线能出现。而在 0.2 ms 时，H_α 656.3 nm 先消失也是因为它的激发能要比 N I、O I 高。O I 777.4 nm 之所以能被观测到最后，也是跟它具有最低的激发能有较大的关系。O I 777.4 nm 由于具有这样的特性，一直被用来进行闪电探测和定位研究[72-74]。

表 6-9　观测的谱线波长、激发能和跃迁概率

波长 /nm	激发能 /eV	跃迁概率 /10^8 s^{-1}
N II 444.7	23.196	1.12
N II 463.0	21.159	0.748
N II 500.5	23.141	1.14
N II 517.9	30.138	1.07
N II 568.0	20.665	0.496
N II 594.2	23.239	0.547
N II 616.8	25.151	0.265
N II 648.2	20.409	0.258
H_α 656.3	12.087	0.441
N I 746.8	11.995	0.196
O I 777.4	10.740	0.369
O I 794.7	14.100	0.373
N I 821.6	11.844	0.226
O I 844.6	10.988	0.322
N I 868.0	11.763	0.253

　　一般来说，在放电较强的闪电回击中，通道温度也较高，激发能较高的谱线出现的概率较大，而放电较弱的回击则一般不会出现较高激发能的谱线。对于这一闪电的 6 次回击，激发能最大的谱线 N II 517.9 nm 只出现在首次回击 R0 和继后回击 R4 中，这也说明回击 R0 和 R0 通道放电较强，温度较高。

　　闪电探测和定位对雷电物理的研究及闪电探测系统的设计非常重要，已经成为近年来雷电物理研究领域的焦点课题。闪电光谱中的近红外光谱是运用在卫星探测闪电的主要光源，也是闪电光谱中重要的组成部分，对于研究闪电中后期的物理特征有重要意义。选取资料由数码摄像机记录的

3 次闪电，每个闪电分别拍到 8 张红外光谱，持续时间为 160 ms。它们分别命名为闪电 a、b 和 c。图 6-36 是每个闪电间隔 40 ms 的近红外光谱图[75]。闪电 a 和 b 是云地闪电，闪电 c 是云闪。可以看出，闪电近红外光谱的谱线结构和强度都变化不大，并且不同强度，不同类型闪电的红外光谱差别也不大。

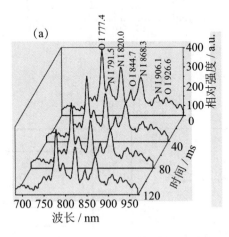

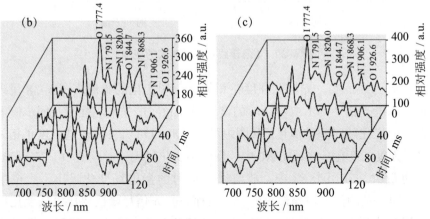

图 6-36　3 次不同闪电的近红外光谱（续）

图 6-37 呈现了这 3 次闪电近红外波段 4 条谱线强度随时间的变化。由图可见，闪电中近红外辐射持续时间长且比较稳定。近红外波段属于大气窗口之一，利用闪电近红外波段的这一特性，更容易探测到闪电。基于这一特性，即使使用低时间分辨的探测设备，仍然能对闪电进行计数和定位。

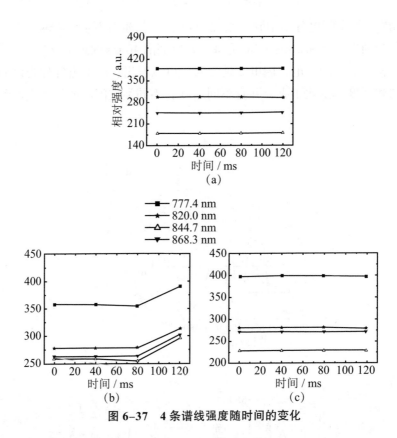

图 6-37 4 条谱线强度随时间的变化

研究已经证实，光谱总强度正相关于电场变化的峰值。图 6-38 呈现了某次闪电光谱中 O I 777.4 nm 的谱线强度和回击光谱总强度及同步慢电场强度的变化随时间的演化。从图中可以看出，O I 777.4 nm 的强度正相关于电场强度的变化。在回击 R0 中，慢电场变化最大，对应的 O I 777.4 nm 强度也最大。在回击 R1 中，放电通道辐射的慢电场变化最小，光谱中 O I 777.4 nm 的强度也是最小的。一般而言，光信号峰值要比电场变化峰值延迟几十微秒。尽管 O I 777.4 nm 的峰值和电场变化峰值不是同时出现，但对于单个的回击来说，二者的演化趋势仍呈现很好的一致性。因此，利用这一特性，可以通过探测 O I 777.4 nm 的谱线强度大小来反映闪电的放电特性。使用高时间分辨和感光灵敏度的探测设备，通过观测 777.4 nm 的强度变化曲线有可能直观地得到更细微的放电过程，如 M 分量、K 分量等。

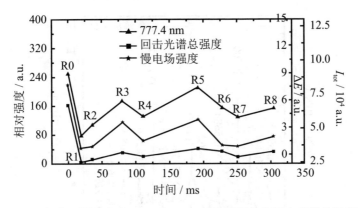

图 6-38　闪电不同回击中 O I 777.4nm 的谱线强度和回击光谱总强度及
慢电场强度的变化随时间的演化

　　闪电通道温度可达 3 万度，能将通道内的空气变为等离子体态，形成以氮、氧离子和原子为主的等离子体通道。在实验室中，激光可以用来击穿空气，使其变为等离子体态，它的光谱测量是人为可控的。通过对比闪电与激光诱导空气等离子体的光谱，能够发现它们之间的异同。通过调整激光诱导击穿空气的光谱来获得与闪电相似的光谱，为研究闪电的物理特性提供了新的思路，也为实验室中的闪电模拟提供了一定的实验和理论参考。

　　图 6-39 显示了一次自然闪电回击和激光诱导空气等离子体的整个发光时间的叠加光谱，它们的光谱均由连续光谱和线状光谱组成。与原子数据库做比对后，我们对其中的一些重要谱线进行了标定。可以看出，两者的主要谱线组成均为 N I、N II 和 O I。中性原子的大部分谱线分布在 700 ~ 900 nm 的近红外光谱范围内，而氮和氧的相应离子谱线分布在 350 ~ 600 nm 的可见光区域。可见光区域的连续光谱强度高于近红外区域的连续光谱强度，这种现象在激光诱导的空气等离子体光谱中更为明显。空气等离子体光谱中出现了 N II 399.5 nm 的谱线，由于本工作中的闪电光谱的收集范围为 400 ~ 1000 nm，因此不确定闪电光谱中是否出现了 N II 399.5 nm。但可以肯定的是，在空气等离子体光谱中没有出现 N I 906 nm 和 O I 926.3 nm。另外，闪电光谱中近红外区的谱线比在可见光区的谱线强，但在空气等离子体中，这两个区域的谱线强度相近。闪电光谱中 H_α 656.3 nm 的强度很强，但在激光诱导的空气等离子体中相对较弱。

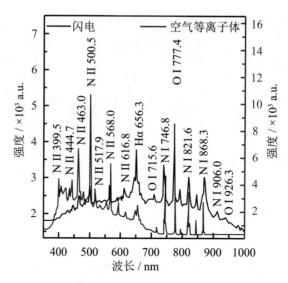

图 6-39 闪电与激光诱导空气等离子体的光谱对比

　　闪电和激光诱导空气等离子体的时间分辨光谱如图 6-40 所示。图 6-40（a）和图 6-40（b）分别表示闪电的可见光区域和近红外区域，图 6-40（c）和图 6-40（d）分别表示激光诱导空气等离子体的可见区域和近红外区域。可以看出，近红外范围内的原子线比可见光范围内的离子线存在时间要长得多，并且在整个过程中几乎都存在 O I 777.4 nm 的谱线。在闪电光谱中，N II 444.7 nm、N II 463 nm、N II 500.5 nm、N II 517.9 nm、N II 568 nm 和 N II 594.2 nm 的谱线在 50 μs 时最强，在 100 μs 后开始消失。H_α 656.3 nm 的谱线在 75 μs 时达到最强，在 375 μs 后开始消失。几乎所有近红外范围内的谱线在大约 75 μs 时达到最强，在 600 μs 后变得非常弱。空气等离子体的发光时间要远短于自然闪电，其大多数离子线在 1 μs 内就能达到最大值，5 μs 后开始消失。中性原子线在 3 μs 左右达到最大值，在 15 μs 时变得非常弱。

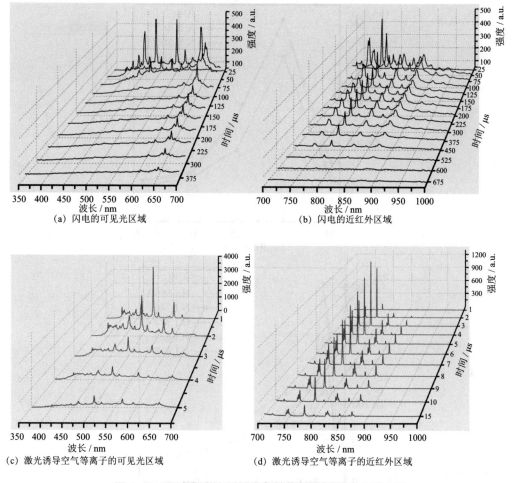

图 6-40　闪电与激光诱导空气等离子体的时间分辨光谱

　　图 6-41 显示了几条重要光谱线随时间的变化。在闪电谱中，所有谱线的强度在短时间内迅速达到峰值，并且每条谱线的峰值强度相似。其中，离子谱线在达到峰值后迅速减弱，而原子谱线则呈现从快到慢的减弱趋势。在激光诱导的空气等离子体光谱中，谱线强度的变化规律与闪电相似。然而，N II 500.5 nm 的强度是其他离子线的 3 到 4 倍，而 O I 777.4 nm 的强度是其他离子线的 3 倍以上，这与闪电光谱是不同的。

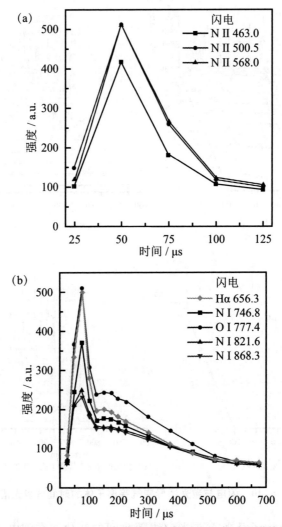

图 6-41 闪电光谱和激光诱导空气等离子体光谱中几条重要谱线随时间的变化

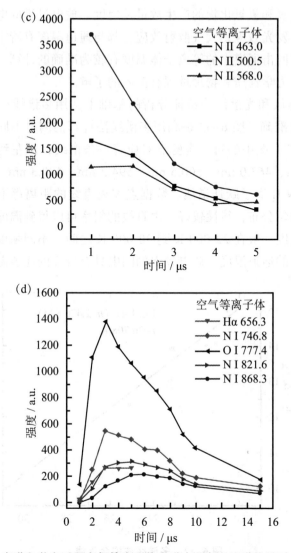

图 6-41   闪电光谱和激光诱导空气等离子体光谱中几条重要谱线随时间的变化（续）

6.3.3   回击通道的温度

温度是反映闪电通道内部物理特性的基本参数之一。由回击通道的温度和电子浓度，可以确定通道的压强、通道等离子体相对质量密度、电离百分率、同种粒子浓度（如 N I 浓度、N II 浓度等）以及通道的电导率等。

闪电过程中臭氧和氮氧化物的产生数量及速度、放电过程的电流强度、磁场变化乃至云发光效应、大气散射效应，都与通道温度有着密不可分的联系。如果能对回击通道中的等离子体温度有较为准确的计算，就能对闪电过程的许多动力学性质和物理过程有深入的了解。

在谱线辨认和光谱结构特征分析的基础上，用多谱线法计算回击通道的温度比较准确。图 6-42 是利用多谱线法计算的闪电不同回击温度时拟合的直线[64]，图中的每一实验点对应着一条谱线，从左到右依次是波长为 568.0 nm、463.0 nm、500.5 nm、594.2 nm、480.3 nm、616.8 nm、517.9 nm 的 N II 离子跃迁谱线。数据点偏离直线的距离都不远，均在拟合直线周围均匀分布，线性较好。由直线的斜率可以得到温度值。结果表明回击通道温度一般在 22 000 K 到 30 000 K 之间。不同强度的闪电放电过程对应不同的通道温度，放电较强的闪电具有较高的通道温度。

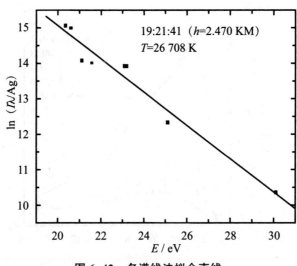

图 6-42 多谱线法拟合直线

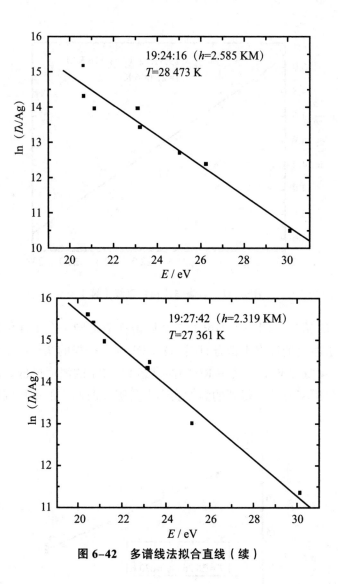

图 6-42　多谱线法拟合直线（续）

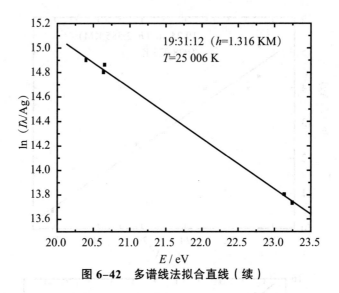

图 6-42　多谱线法拟合直线（续）

　　图 6-43 给出了同一个闪电的 7 个回击在通道同一个采样位置上的拟合图。回击通道的温度由拟合直线的斜率得到，获得的 7 个回击的温度值为 23 190 ~ 26 260 K，其中 R0 的温度最高，R1 的温度最低。由于摄谱仪的时间分辨率有限，得到的温度实际上是曝光时间内的平均温度。

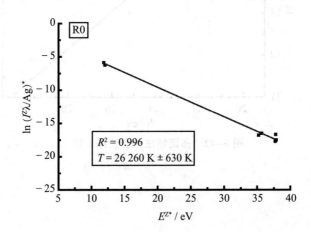

图 6-43　同一个闪电的 7 个回击通道在同一个采样位置上的拟合图

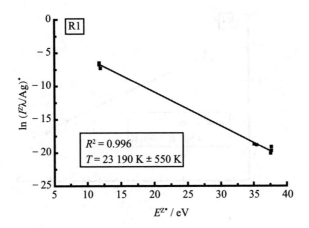

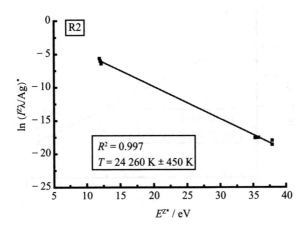

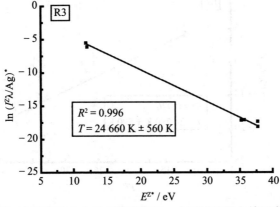

图 6-43　同一个闪电的 7 个回击通道在同一个采样位置上的拟合图（续）

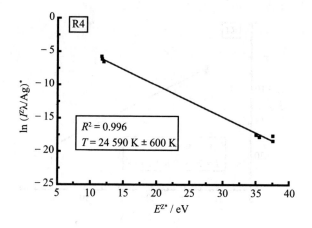

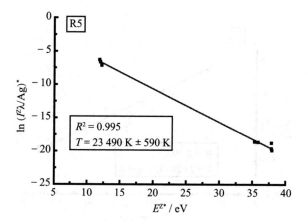

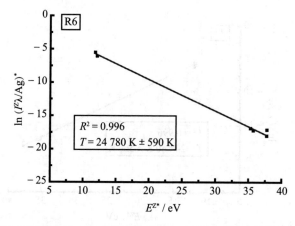

图 6-43　同一个闪电的 7 个回击通道在同一个采样位置上的拟合图（续）

　　闪电通道一般长约有几千米，在不同通道位置其温度有一定的差异。为了直观显示通道温度随高度的变化，图 6-44 给出了通道不同高度和不同时间的温度值。从图中可以看出，随着通道高度的增加，温度没有明显的变化趋势，这是因为该温度为通道核心和外围通道的平均温度，不能反映电流沿通道的变化趋势。

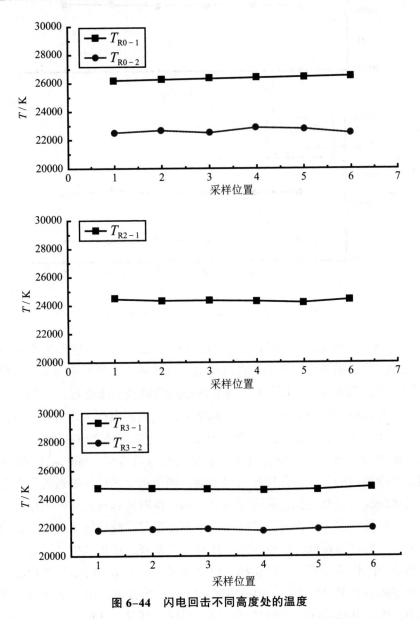

图 6-44　闪电回击不同高度处的温度

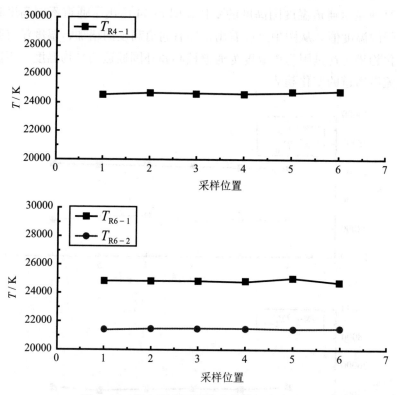

图6-44　闪电回击不同高度处的温度（续）

　　闪电回击发光时间能够持续几百微秒，在这个过程中温度也是不断变化的。放电通道的温度主要取决于电流的热效应，另外也与径向的能量传输有关。图6-45给出了4次闪电核心通道以及外围通道温度随时间的演化，T_i代表闪电回击通道的核心温度，T_a代表闪电回击通道外围温度。可以看出，整个回击过程中，外围通道温度一直维持20 000 K左右的高温，随时间略有减小。核心通道的温度比外围通道高5 000 ~ 7 000 K。结合外围通道的温度演化特征可以推断：峰值电流之后，通道温度不会随之迅速降低。也就是说，通道保持高温的持续时间远远大于回击峰值电流的持续时间。这一结论与以往提出的通道温度仅在放电峰值电流阶段出现峰值、之后迅速降低的观点不同。从理论上解释，通道维持高温是放电电流热效应的作用结果。回击初期，放电通道在电流达到峰值的几微秒内从接近室温升高到20 000 ~ 30 000 K，之后在数百微秒内，虽然电流逐渐减小，由于其持续作用，仍然可以使通道保持高温。这种持续高温产生的热效应应该是导致相关雷电灾害的主要根源。

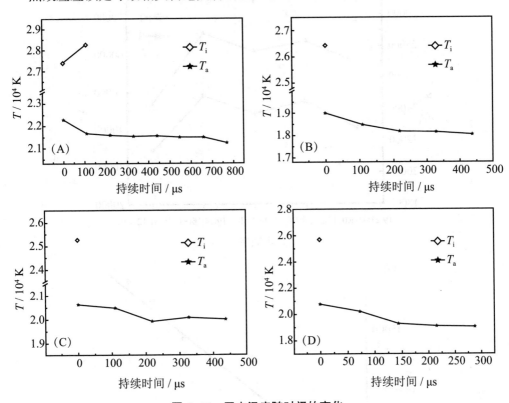

图 6-45　回击温度随时间的变化

回击过程中，电流作用积分 $\int i^2 \mathrm{d}t$ 反映了电流传输引起的热效应，与回击通道温度的变化量成正比。假设首次回击过程中，通道的初始温度近似为环境温度，即首次回击通道的温度可以看作是首次回击发生过程中温度的变化量。图 6-46 给出了 5 次闪电的首次回击中通道温度与电流作用积分 S 的变化，可以看出，它们具有很好的一致性，二者呈线性关系。由此证实，不同闪电的首次回击中，等离子体通道温度正比于电流的作用积分。由于作用积分也反映了回击过程传输能量的大小，可以通过通道温度比较闪电首次回击过程中能量传输的大小。

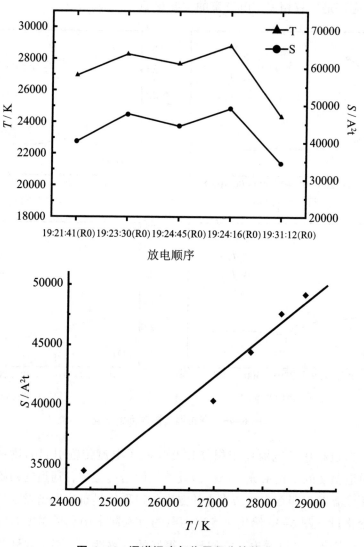

图 6-46　通道温度与作用积分的关系

　　回击电流之后，通道的温度迅速衰减。通道温度随时间变化的研究发现，经过几十毫秒后，通道温度仍高于环境温度约一个数量级。在回击间歇后期通道的温度大约为 3 000 K，这一温度也是空气绝缘体向导体过渡的温度。对于一次闪电过程中不同的回击，如果相邻两次回击的时间间隔过小，就会使通道在没有完全冷却时再次升温，这种情况下，通道温度与作用积分一般不再具有线性相关的关系。

　　图 6-47（a）和图 6-47（b）给出了两个闪电各次回击通道温度和电

流作用积分的变化关系。闪电 19：24：16 的各次回击的间隔均在 44 ms 以上，其温度和作用积分基本上是一个正相关的关系。但闪电 19：31：12 的 3 个回击中，通道等离子体温度和电流作用积分出现了非正相关的情况，回击 R2 的温度最高，而作用积分却是最小。这主要是与继后回击和前一次回击之间的时间间隔有关。从图 6-47（b）中横坐标表示的时间可知，闪电 19：31：12 的回击 R2 与 R1 时间间隔只有 16 ms，如此短的时间使得通道没有冷却却又开始下一次放电，从而使通道的温度在没有完全降下来的情况下继续升高，最终导致回击 R2 过程中温度较高，而温度的变化量相对较小，对作用积分的贡献也较小。

与实验室光谱观测不同，自然闪电的光谱观测距离一般在几千米外，由于光在大气中传播至观测点的过程中其强度有一定的衰减。所以对闪电通道的精确计算，应该考虑观测距离对闪电通道的影响[77]。

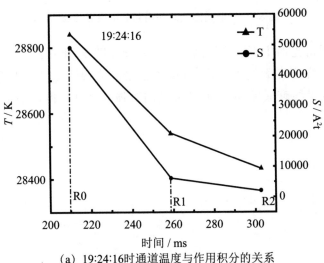

(a) 19:24:16时通道温度与作用积分的关系

图 6-47　通道温度与作用积分的关系

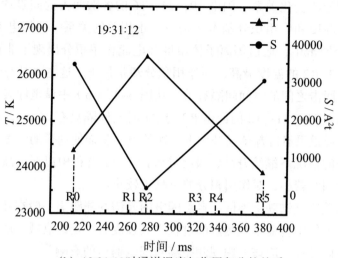

（b）19:31:12时通道温度与作用积分的关系

图 6-47　通道温度与作用积分的关系（续）

　　闪电回击光谱中不同谱线随距离的衰减在图 6-48 中给出，可以看出，所有谱线的强度在大气中传播 3 km 处已衰减为源附近的 1/4 左右，而且波长较短的谱线衰减更快，到 9 km 处谱线强度已衰减得很小了。

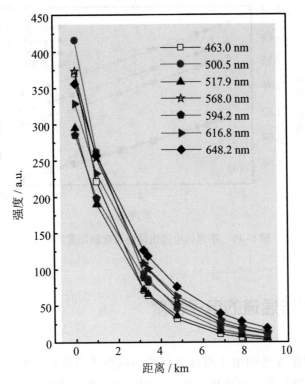

图 6-48　不同波长谱线的强度随距离的衰减

　　图 6-49 给出了在不同的观测距离下得到的闪电回击通道温度,可以看出,闪电通道温度随观测距离的增大而减小,不同闪电的温度变化规律相似。由于光在传播过程中的衰减,由远距离观测的光谱诊断的温度小于实际值。观测距离越远,误差越大。因此,在远距离观测闪电光谱时,温度计算要进行修正。

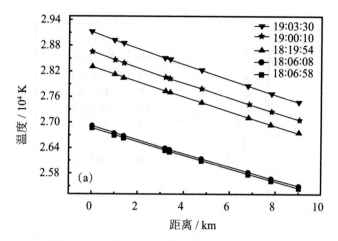

图 6–49　不同闪电回击通道温度随距离的变化

6.3.4　回击通道的电子密度

闪电回击通道的电子密度是反映闪电物理特性的重要参数，它可以确定通道的电导率、电离度等性质。闪电回击电子密度可以由谱线加宽方法和 Saha 方程分别求得。图 6–50 给出了两个闪电回击中对 H_α 谱线的加宽拟合，可以看出，拟合后的半高全宽约为 2 ~ 3 nm[78]。

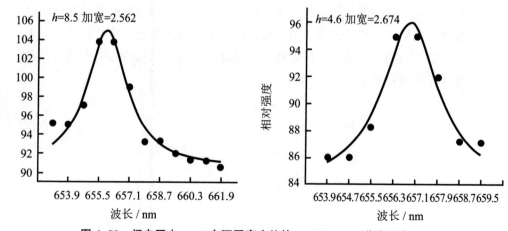

图 6–50　闪电回击 a、b 在不同高度处的 H_α 656.3 nm 谱线拟合

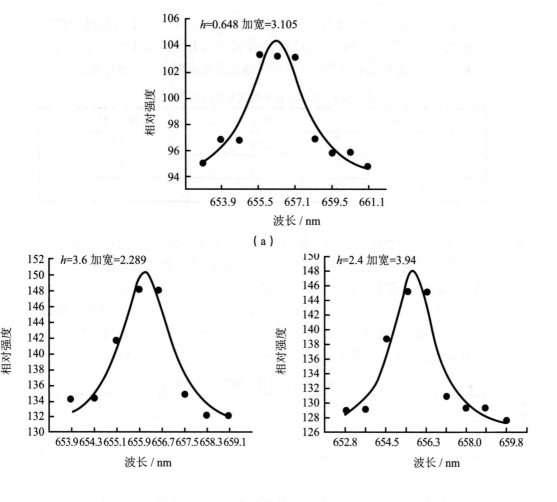

（a）

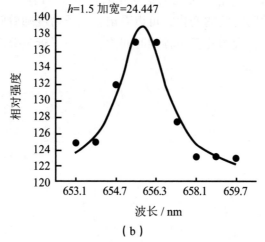

（b）

图 6-50　闪电回击 a、b 在不同高度处的 H_α 656.3 nm 谱线拟合（续）

表 6-10 是利用谱线加宽法计算出闪电回击在通道不同高度处的电子密度，可以看出，用 H_α 谱线计算得到的闪电回击通道的电子密度为 $5\times10^{17}/cm^3$。随着高度的降低，也就是越接近地面时，电子密度越大。

表 6-10 闪电 a 在不同高度处的电子密度

高度 /km	半宽 /nm	电子密度 / ($10^{17}/cm^3$)
8.5	2.56	5.03
4.6	2.67	5.36
0.64	3.11	6.71

表 6-11 分别给出了两次回击在同一高度处用 Stark 加宽和 Saha 方程获得的通道电子密度，可以看出 Stark 加宽获得的电子密度比 Saha 方程所获得的电子密度稍低，一个重要的原因是 N I、N II 与 H_α 等谱线强度的最大值不会同时发生。由于氢原子的电离和激发势比氮原子的低，所以 H_α 谱线强度最大值发生在 N I、N II 谱线强度的最大值之后，此时由于回击通道的扩大使温度降低、电离减弱，因此造成电子密度下降。

表 6-11 两种方法计算的回击电子密度

方法	闪电 a	闪电 b
Stark 加宽	5.03×10^{17}	4.68×10^{17}
Saha 方程	1.75×10^{18}	9.03×10^{17}

闪电回击过程中电子密度也是变化的。图 6-51 给出了一次闪电回击过程中电子密度随时间的变化，可以看出，电子密度随着时间的推移，其数值是减小的，在大约几百微秒的时间内，减小了近三分之二。

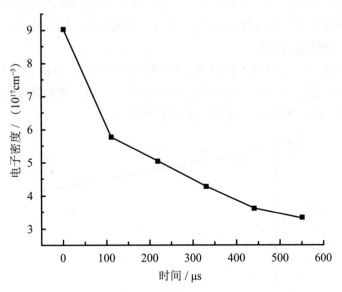

图 6-51　闪电回击通道中电子密度随时间的演化

6.3.5　回击通道的导电特性

电导率是反映闪电放电通道导电特性的基本参数，对研究通道电流能量分布和传输及探讨放电过程的物理机制都有重要意义。表 6-12[79] 给出了一次闪电 6 个回击通道的电导率 σ。

表 6-12　闪电 6 个回击通道的温度、电子密度和电导率

回击	T /K	n_e / (10^{18}/cm³)	σ / (10^4 S/m)
R0	27 480	4.04	2.123
R1	26 140	5.06	2.085
R2	26 670	6.92	2.238
R3	26 560	5.91	2.172
R4	26 860	2.79	1.964
R5	26 060	3.99	2.005

从表中可知，这次闪电 6 个回击通道的电导率的范围为 1.964 ~ 6.92×10⁴ S/m。首次回击 R0 的温度最大，要高于继后回击 R5 约 1 500 K，

但它的电子密度及电导率却不是最大的。继后回击 R4 的温度相对较高，但是它的电子密度和电导率却是最小的。由此可见，闪电通道不一定是温度越高，导电能力越好。

对于同一回击通道不同高度处的电导率也是不一样的。图 6-52 给出了闪电回击通道在不同高度处的电导率。可以看出，随着高度的增加，电导率是减小的，即离地面越近，其电导率越大。

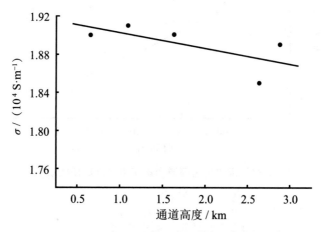

图 6-52　回击通道中不同高处的电导率

利用记录闪电回击发生时的辐射电场来研究闪电电流的工作已经比较成熟，而表现闪电通道电学特性的一些其他的重要参数到现在都很少有报道[80-82]。闪电通道内电阻和电场强度是表现闪电电学特性的两个重要参数。只有少数研究者根据电磁学模型计算得出闪电回击通道的电阻为 $0.07 \sim 1 \ \Omega/m$，通道内电场强度在 $10^3 \sim 10^4 \ V/m$ 数量级[83-86]。这些都是纯理论得出的结果，依据实验来研究这两个电学参数的工作几乎没有。通过光谱获得闪电回击通道的电导率之后，进而可以得出电阻。通过同步辐射电场，可以计算闪电通道的电流，然后根据欧姆定律计算闪电通道内的电场强度。

快、慢天线一直是测量闪电辐射电场的一个有效方法。慢天线采用较低的采样率和灵敏度，记录准静态场的变化，反映闪电辐射电场总体变化规律，也称作慢变化电场仪。快天线配以较高的采样率和灵敏度，记录瞬间变化电场，可以将瞬变信号提取出来，类似于局部放大镜，也称作快变化电场仪。它们二者在测量闪电辐射电场时具有互补性。

图 6-53 是这次云地闪电引起的快、慢电场变化波形图。其中，图 6-53

（a）是慢电场变化波形，图 6-53（b）是快电场变化波形。这次云地闪电为负地闪，整个放电时间约为 527 ms，共有 6 次回击发生。从辐射电场可以看出，在首次回击 R0 发生之前，有预击穿（PB）过程和梯级先导（SL）过程，共用时约 158 ms。在回击 R1 和 R2 之间则存在时长为 133 ms 的长连续电流（CC）。

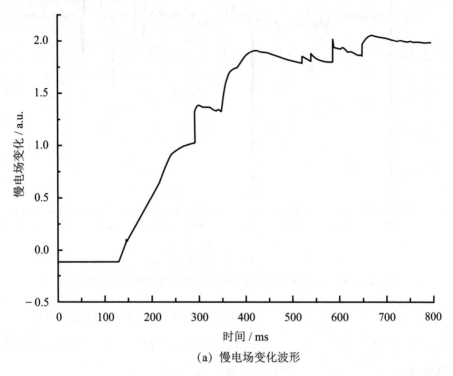

（a）慢电场变化波形

图 6-53　云地闪电引起的辐射电场快、慢变化波形

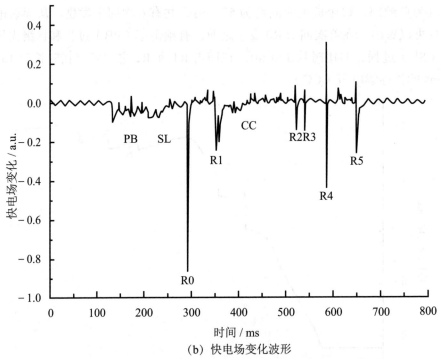

（b）快电场变化波形

图 6–53　云地闪电引起的辐射电场快、慢变化波形（续）

表 6–13 给出了闪电 6 个回击的峰值辐射电场和通道的放电电流，其中，E_{rad} 为归一化到 100 km 的峰值辐射电场，i 表示闪电各回击通道的放电电流。

表 6–13　各回击的辐射峰值电场和通道峰值电流

回击	E_{rad} / (V·m⁻¹)	i / kA
R0	8.71	43.59
R1	2.71	13.56
R2	1.64	8.21
R3	1.93	9.66
R4	5.64	28.22
R5	2.46	12.29

由表 6–13 可知，这 6 次回击中，峰值辐射电场为 1.64 ~ 8.71 V/m，通道电流为 8.21 ~ 43.59 kA。一般来说，首次回击辐射电场要强于继后

回击的辐射电场，对应的电流也强于继后回击。这次闪电中，首次回击 R0 的辐射峰值电场为 8.71 V/m，继后回击的辐射峰值电场的平均值为 2.88 V/m。首次回击 R0 通道的电流为 43.59 kA，而继后回击的电流平均值为 14.38 kA。结合光谱与辐射电场可以看出，首次回击 R0 的辐射电场最强，电流最大，通道亮度也最强。继后回击 R2 的辐射电场最弱，电流最小，通道亮度也最弱。由此可知，在同一闪电中，回击的辐射电场强度、通道电流与通道发光亮度呈正相关关系，即辐射电场越强，通道电流越大，通道亮度越强，反之亦然。

通道内电阻取决于通道的电导率和半径。由于闪电发生具有瞬时性、随机性，所以闪电通道的真实半径很难直接测得。研究表明，通道半径与通道流过的电流有较大的关系，一般地，通道流过几十千安的电流时，其对应的半径约为 1 ~ 3 cm。将回击 R4 的通道半径取为固定数值，则其余回击的通道半径可以由通道的发光宽度比值来获得。图 6-54 给出了 6 次回击通道的不同发光宽度[79]。在图中，上面为原始发光通道，下面则给出横切通道的光强截面图。在光强图中做出半高全宽用来表示这个通道的发光宽度，则 6 次回击的发光宽度依次为 3.68、2.16、1.95、2.02、3.46、2.07。

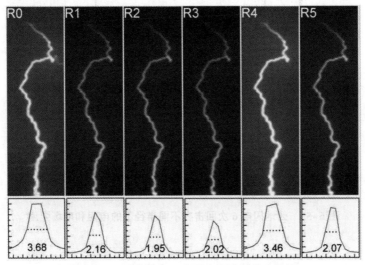

图 6-54　云地闪电 6 次回击通道的发光宽度

将 R4 的半径分别取为 1 cm、1.5 cm、2 cm、2.5 cm、3 cm 来进行研究。根据不同回击光学宽度的比值可以得到其他 5 次回击的半径，它们的值如表 6-14 所示。在回击 R4 的半径给定特值时，首次回击的通道半径是最大的，继后回击 R2 通道的半径是最小的。

表 6-14 云地闪电 6 次回击通道的半径

单位：cm

回击	r				
R4	1	1.5	2	2.5	3
R0	1.06	1.59	2.12	2.65	3.18
R1	0.62	0.94	1.24	1.55	1.86
R2	0.56	0.84	1.12	1.4	1.68
R3	0.58	0.87	1.16	1.45	1.74
R5	0.59	0.90	1.18	1.48	1.77

图 6-55 给出了在回击 R4 的通道半径为 1 cm、1.5 cm、2 cm、2.5 cm、3 cm 的情况下，通过理论方法，计算出来的 6 次回击通道内的单位长度电阻和电场强度。可以看出，单位长度电阻在 $10^{-2} \sim 10^{-1}$ Ω/m 数量级，电场强度大约为 10^3 V/m 数量级。

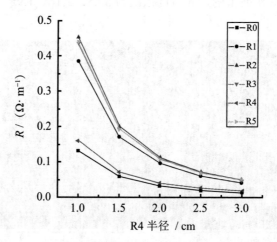

图 6-55 云地闪电 6 次回击在不同半径下的电阻和电场强度

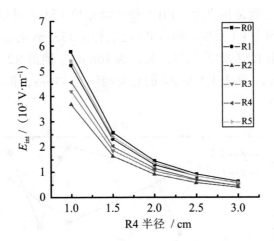

图 6-55　云地闪电 6 次回击在不同半径下的电阻和电场强度（续）

为了进一步探讨在闪电不同回击中，通道内单位长度电阻和电场强度的变化，选取回击 R4 的半径为 1.5 cm 这组数据来进行分析。表 6-15 给出了各回击通道半径、单位长度电阻和内电场强度。闪电 6 次回击单位长度电阻的平均值为 0.15 Ω/m。取铜丝来比较，在温度为 293K、半径为 1 cm 的情况下，铜丝的单位长度电阻约为 $5×10^{-3}$ Ω/m[87-88]，比闪电通道电阻约小两个数量级。通道内电场强度的平均值为 $2.14×10^3$ V/m，要远小于空气的击穿电压 10^6 V/m[89]。通常闪电通道的竖直长度约为 3 km，由此可知，闪电回击发生时，通道上端的云底和通道下端的地面之间的电压约在 10^6 V 这个数量级。

表 6-15　云地闪电 6 次回击通道内电阻及电场强度

回击	r /cm	R / (Ω·m^{-1})	E_{int} / (10^3V·m^{-1})
R0	1.59	0.059	2.57
R1	0.94	0.172	2.33
R2	0.84	0.201	1.65
R3	0.87	0.194	1.87
R4	1.50	0.072	2.03
R5	0.90	0.196	2.41

图 6-56 给出了闪电 6 次回击通道内单位长度电阻和电场强度随闪电过程中时间演变的关系。整个闪电过程。按回击发生的时间分为 6 个部分。

首次回击 R0 之前是预击穿（PB）和梯级先导（SL）过程，首次回击发生后 58 ms，回击 R1 发生。回击 R1 之后存在 133 ms 的长连续电流过程。回击 R1 和回击 R2 的时间间隔最长，为 166 ms。回击 R2 和 R3 的时间间隔最短为 18 ms。回击 R3 和 R4 的时间间隔为 43 ms，稍小于回击 R4 和 R5 的时间间隔。

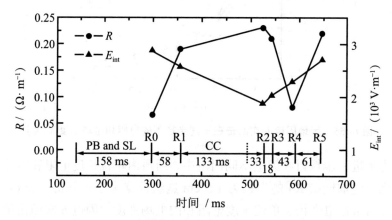

图 6-56　云地闪电回击的电阻和电场强度的变化

这 6 次回击中，首次回击 R0 是这个闪电的第一次强放电过程。它的通道上端云底和通道下端地面有着非常强的电压，产生了最强的通道内电场强度。此外，由于 R0 的电流和半径最大，因此形成的电阻最小。回击 R2 有着最小的电场强度，这与它之前有一个非常长的连续电流有很大的关系。连续电流可以视作一个连接云底和地面的放电，电流一般在 100 ~ 200 A 之间，远小于回击时的电流[90, 91]。但连续电流持续时间较长，可以不断地中和云和地面的电荷。因此，回击 R2 通道内电场强度最小，与回击发生时云和地面含有较少的电荷量有关。回击 R2 的单位长度电阻最大，这与它较小的通道半径有关系。回击 R3 距离前一次回击 R2 发生的时间仅为 18 ms，在这样短的时间内，云和地面很难再次迅速聚集大量的电荷，这也是回击 R3 通道内电场强度较小的重要原因。而回击 R1、R4 和 R5 通道内的电场强度相对较大，这与它们距离前一次回击的时间间隔相对较长有关。

6.3.6　回击通道的半径和能量

　　电弧通道半径与放电电流及能量的传输密切相关，闪电的光辐射也主要来自电弧通道。实验上，电弧通道半径主要通过闪电对物体的破坏来测量，Hill[92] 等人根据闪电对金属的熔孔得到电弧通道半径的估计值。由于闪电击中某一固定目标物的概率很低，人们也通过建立各种理论模型来研究闪电放电的电弧通道半径。依据光谱信息推算电弧通道半径的工作非常少。能量及其传输是反映闪电放电特性的重要参数，也与闪电产生氮氧化物的量密切相关，目前这方面研究报道较少。

　　表 6-16 列出了观测和计算得到的 4 次闪电放电过程的一些特性参数[93, 94]。其中，S 为闪电距观测站的距离，L 为通道长度，I_{tot} 为光谱总强度，T 为温度，E_{max} 为归一化到 100 km 的辐射峰值电场，t 为回击电流的持续时间，λ_q 为线电荷密度，$\mathcal{E}$ 为单位长度储存的能量，r_{init}、r_{final} 分别为初始半径和最终半径。

表 6-16　4 次闪电各回击的物理特性参数

闪电名称	S /km	回击	L /km	t /ms	T /k	E_{max} / ($V \cdot m^{-1}$)	λ_q / (10^4 $C \cdot m^{-1}$)	r_{init} /cm	r_{final} /cm	$\mathcal{E}$ / (10^4 $J \cdot m^{-1}$)	I_{tot} /arb.units
19：23：30	7.48	R0	3.397	2.52	28330	5.498	5.75	0.56	7.79	1.20	28911
19：24：45	5.44	R0	4.015	3.65	27730	4.417	2.37	0.23	3.20	0.21	33293
19：24：16	5.94	R0	5.474	4.01	28840	5.019	3.13	0.30	4.27	0.37	27492
		R1		2.48	28590	1.782	1.42	0.12	1.95	0.08	20005
		R2		2.16	28430	1.158	0.77	0.08	1.04	0.02	18746
19：25：54	3.40	R0	5.580	4.18	28760	5.664	7.30	0.71	9.99	2.03	23696
		R1		2.24	28030	4.192	4.75	0.40	6.32	0.82	16250
		R2		3.25	28710	5.634	7.24	0.67	9.53	1.84	22852
		R3		2.38	28330	4.794	5.75	0.49	7.69	1.21	18785
		R4		2.18	27420	3.403	3.53	0.33	4.49	0.42	15306
		R5		1.08	27140	2.999	2.94	0.29	3.59	0.27	14791

　　4 次闪电通道初始半径为 0.08 ~ 0.71 cm，最终半径为 1.04 ~ 9.99 cm。回击通道单位长度储存的能量在 2.20×10^2 ~ 2.03×10^4 J/m 范围内。这些数值与文献[95-97]报道的数值范围一致。4 次闪电首次回击及继后回击的线电荷密度也在常见的数值范围内。

　　电弧通道半径主要取决于回击电流的持续时间。图 6-57 给出了两个闪电各次回击的通道初始半径与电流持续时间的变化关系。对于闪电19：24：16，首次回击 R0 通道半径最大，相应的回击电流持续时间也最长，其次是 R1、R2。对于闪电 19：25：54，首次回击 R0 的半径最大，R2 次之，以后依次是 R3、R1、R4、R5，而相应的电流持续时间也是 R0 最大，R2 次之，R3、R1、R4、R5 依次减小。由此证实了多回击闪电电弧通道的半径主要取决于回击电流的持续时间。

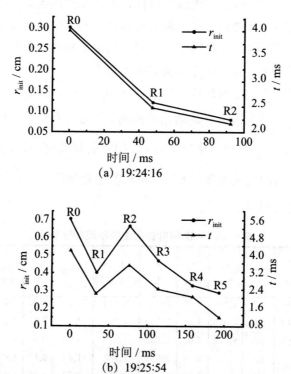

(a) 19:24:16

(b) 19:25:54

图 6-57　回击通道初始半径与电流持续时间的变化关系

回击通道初始半径与线电荷密度成正比，线电荷密度与辐射峰值电场成正比，由此推断同一闪电的不同回击通道的初始半径与辐射峰值电场成正比。对于多回击闪电，辐射峰值电场与通道光谱总强度成正比。所以，回击通道的初始半径与光谱总强度也正相关。图 6-58 给出了两次闪电各次回击的通道初始半径与光谱总强度的变化关系，可以看出，它们的变化具有很好的一致性。

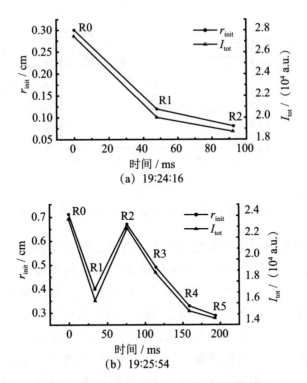

图 6-58　通道初始半径与光谱总强度的关系

在闪电通道中心，温度为通道半径的函数，半径越大，温度越高。图 6-59 分别给出了两次闪电各次回击通道初始半径和最终半径随温度的变化关系，可以看出同一闪电的不同回击，通道的初始半径与最终半径均随温度的升高而增大。

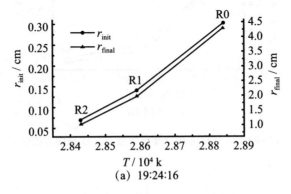

图 6-59　通道初始半径和最终半径随温度的变化

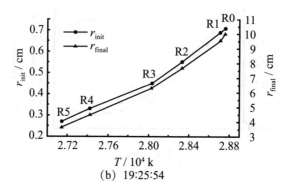

(b) 19:25:54

图 6-59　通道初始半径和最终半径随温度的变化（续）

　　在相同的观测距离和曝光参数下，光谱总强度反映闪电通道的发光强度。Wang[98] 等人关于人工触发闪电光学观测的研究表明，电流上升到峰值的阶段，电流和光信号正相关。闪电回击过程传输的能量大小可以由电流的积累效应来反映，由于对电流积累效应的主要贡献在电流上升到峰值的阶段，又依据闪电放电的特性，回击电流通常在很短的几微秒内达到峰值，因此可以推断在同一闪电不同回击中，通道单位长度存储的能量与光谱总强度相关。图 6-60 给出了两个闪电回击的通道单位长度储存能量与光谱总强度的变化关系。可以看出，它们具有相同的变化趋势。

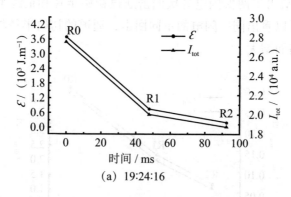

(a) 19:24:16

图 6-60　通道单位长度储存能量与光谱总强度的关系

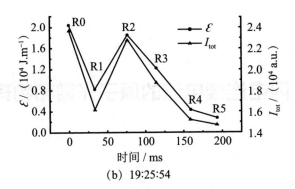

(b) 19:25:54

图 6-60   通道单位长度储存能量与光谱总强度的关系（续）

图 6-61（a）给出了 11 个回击通道单位长度储存的能量与初始半径的关系，可以看出通道单位长度储存的能量随通道初始半径的增大而增大。回击通道中储存的能量包括分子离解、原子电离和热运动 3 部分，它们分别与回击通道内的粒子数密度成正比，因此推断，通道单位长度储存的能量与通道半径的平方成正比。图 6-61（b）给出了通道单位长度储存的能量与初始半径平方的关系，可以看出二者线性相关，验证了这一结论。

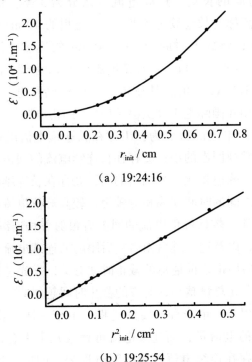

（a）19:24:16

（b）19:25:54

图 6-61   单位长度储存的能量与初始半径的关系

6.4 闪电连续电流的原子光谱和物理特性

6.4.1 引言

闪电的连续电流过程是指在回击之后云内电荷沿原回击通道持续对地放电的过程。它不是一个孤立的过程，它的产生离不开击穿放电在云内的发展。根据双向击穿理论的研究，在负地闪回击发生后，带正电的先导电荷可能会在云内的负电荷区域继续发展，将云中的负电荷不断地输送到原来的回击通道，因此会形成缓慢且放电时间较长的连续电流。

根据放电时间的长短，连续电流可以分为 3 类。将放电时间大于 40 ms 的连续电流称为长连续电流[99, 100]，这里的 40 ms 是两次相邻回击的典型时间间隔；将放电时间为 10 ~ 40 ms 的连续电流称为短连续电流[101]；将放电时间小于 10 ms 的连续电流称为极短连续电流[102]。连续电流的平均值约为 100 A，变化范围为 30 ~ 200 A，转移电荷量为 10 ~ 20 C，这个参数目前被用在国际电工委员会（IEC）的雷电防护技术中。

闪电发生连续电流的特点为：①存在长连续电流的回击，其初始电场变化峰值要比常规回击的小；②存在长连续电流的回击，其前面一个回击的初始电场变化峰值要比常规回击的大；③存在长连续电流的回击和它前面的一个回击之间的时间间隔相对较短。较高峰值电流的负回击后跟随着较短的连续电流，较低峰值电流的回击后跟随着长连续电流[103]。自然闪电的继后回击，以及这个继后回击之后跟随的连续电流过程，它们的发光总量与该次继后回击之前通道的截止时间有关，发光总量越大，对应的截止时间越长，发光总量越小，对应的截止时间越短[104]。

连续电流过程是一个非常重要的过程。由于一次回击一般仅仅向地面释放几个库仑的电荷量，而连续电流可释放几十库仑，甚至更大的电荷量。因此，把存在连续电流过程的闪电称为热闪电。这类闪电产生的危害是平常没有连续电流闪电的好几倍，所以研究闪电的连续电流过程至关重要。

6.4.2 连续电流的原子光谱

资料选取了光谱和电场变化都记录到的 3 个不同地闪的连续电流过程。其中，第一个连续电流过程是跟随在一次地闪的首次回击之后的短连续电流过程，第二个连续电流过程是跟随在一次地闪的继后回击之后的短连续电流过程，第三个连续电流过程是跟随在一次地闪的首次回击之后的长连续电流过程。高速摄像机的拍摄速率分别为每秒钟 9 060 帧、每秒钟 9 110 帧和每秒钟 6 500 帧。相应的曝光时间分别为 109.94 μs、109.93 μs 和 153.41 μs。相应的图片分辨率分别为 896×400、1 024×352 和 1 280×400。所得光谱的波长范围为 400 ~ 1 000 nm。

这 3 次地闪的连续电流过程总发光持续时间分别大约为 1.21 ms、1.10 ms 和 38.0 ms。为了方便，将这 3 个地闪分别命名为地闪 A、B、C。如果定义每个地闪的回击（R）发生的时刻为 0 ms，则这 3 个地闪连续电流过程的大电流主要分别发生在最初的 0.55 ms、0.55 ms 和 2.31 ms。在这些大电流发生的时间段，摄谱仪都拍摄到了通道的分光光谱。图 6-62（a）、图 6-62（a1）、图 6-62（b）、图 6-62（b1）和图 6-62（c）分别给出了地闪 A 和 B 的大电流发生时间段内的通道亮度变化、地面电场变化波形以及地闪 C 的通道亮度变化。

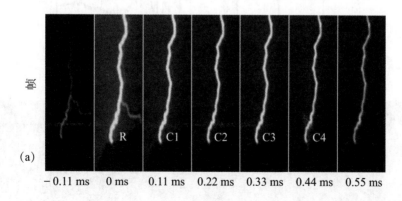

图 6-62　地闪 A、B、C 的通道亮度变化（a）（b）（c）和
　　　　地闪 A、B 的地面电场变化（a1）（b1）

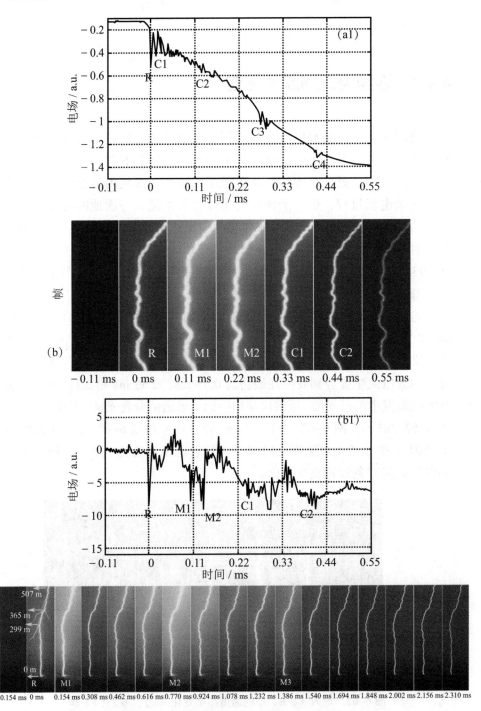

图 6-62 地闪 A、B、C 的通道亮度变化（a）（b）（c）和
地闪 A、B 的地面电场变化（a1）（b1）（续）

在图 6-62（a）、图 6-62（b）和图 6-62（c）中，0 ms 时的图片近似对应于回击电场变化的峰值。在图 6-62（a）中，地闪 A 回击 R 之后有 4 张连续电流过程的通道发光图片，在图中分别用 C1、C2、C3 和 C4 进行标示。可以看出，在地闪 A 回击 R 之后的连续电流过程中，通道亮度逐渐减弱，其对应的电场变化幅度也在逐渐减弱。在图 6-62（b）中，地闪 B 回击 R 之后的连续电流过程中叠加着两个 M 分量（M1、M2），从图 6-62（b）和图 6-62（b1）中可以明显看出，M1、M2 对应的通道亮度明显比回击 R 大，但它们对应的电场变化幅度比回击 R 对应的电场变化幅度小。在图 6-62（c）中，地闪 C 的回击 R 之后的连续电流过程中叠加有 3 个 M 分量（M1、M2、M3），这 3 个 M 分量对应的通道峰值发光亮度分别在 0.154 ms、0.770 ms 和 1.386 ms 处。可以看出，和地闪 B 中的情况一样，地闪 C 中的 M1 和 M2 对应的通道发光亮度同样大于回击 R 的通道亮度。

在图 6-62（a1）和图 6-62（b1）中，回击 R 对应的电场变化幅度较大，其对应的通道放电电流也较大。在一般情况下，随着放电电流的增大，其发射的光信号也会增强，如图 6-62 中地闪 A 的回击和连续电流过程。但在图 6-62 中，地闪 B 和 C 的回击与回击后两个 M 分量出现了和地闪 A 不同的情况。由于图 6-62 只能反映出闪电通道宏观的发光和放电现象，无法进一步分析发生以上不同情况的原因，而光谱可以反映闪电放电通道内部的微观物理过程，所以下面进一步分析这 3 次地闪连续电流过程的发射光谱。

观测得到的这 3 次地闪的原始光谱都是云外全放电通道的数字图片，为了定量分析，需要将这些原始光谱转化成对应通道某一位置处、用谱线相对强度和波长表示的谱线图。图 6-63（a）~图 6-63（e）、图 6-63（a1）~图 6-63（e1）给出了对应图 6-62（a）中闪 A 的连续电流过程的原始光谱图片和在通道某一高度处转化成的相应的谱线图，图中横、纵坐标分别表示波长和谱线相对强度，单位分别为纳米和任意单位。图 6-64（a）~图 6-64（e）、图 6-64（a1）~图 6-64（e1）给出了对应图 6-61（b）中闪 B 的连续电流过程的原始光谱图片和相应的在通道某一高度处的谱线图。对应图 6-61（c）中闪 C 的连续电流过程的原始光谱图片和谱线图分别在图 6-65（a）~图 6-65（p）、图 6-65（a1）~图 6-65（p1）中给出。

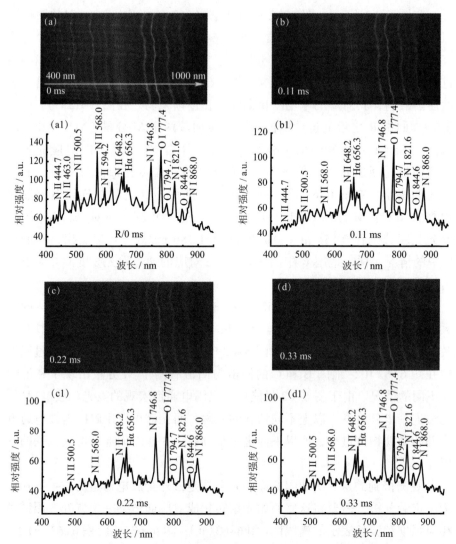

图 6-63　地闪 A 连续电流过程的原始光谱（a ~ e）和对应通道某一
高度处的谱线图（a1 ~ e1）

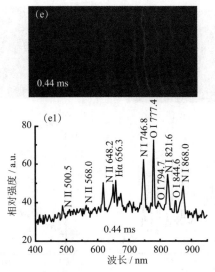

图 6-63　地闪 A 连续电流过程的原始光谱（a ～ e）和对应通道某一
高度处的谱线图（a1 ～ e1）（续）

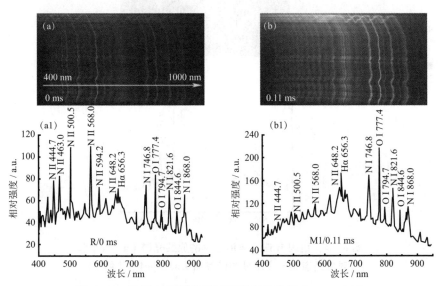

图 6-64　地闪 B 连续电流过程的原始光谱（a ～ e）和
对应通道某一高度处的谱线图（a1 ～ e1）

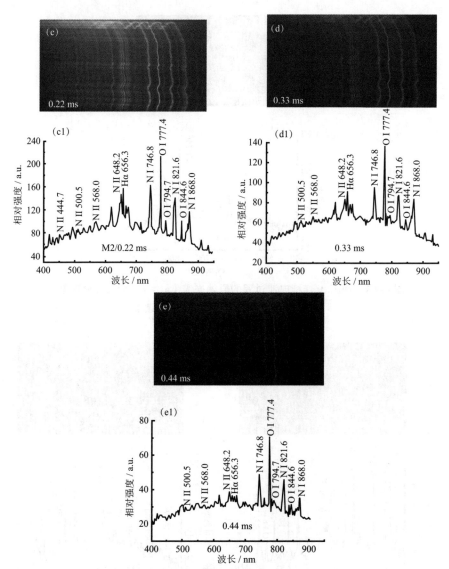

图 6-64 地闪 B 连续电流过程的原始光谱（a ~ e）和
对应通道某一高度处的谱线图（a1 ~ e1）（续）

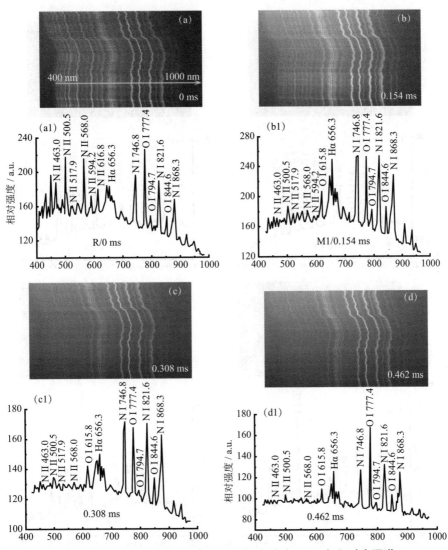

图 6-65　地闪 C 连续电流过程的原始光谱（a～p）和对应通道
某一高度处的谱线图（a1～p1）

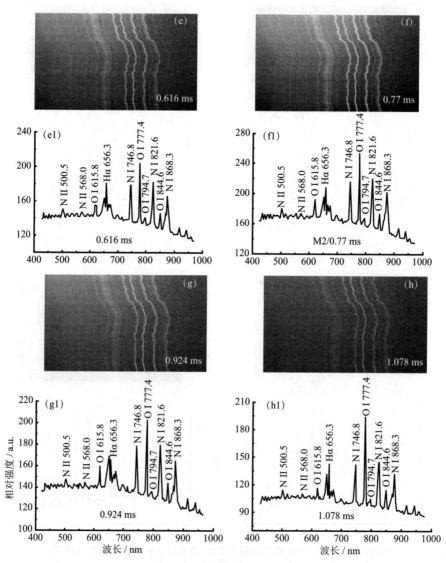

图 6-65　地闪 C 连续电流过程的原始光谱（a ~ p）和对应通道
某一高度处的谱线图（a1 ~ p1）（续）

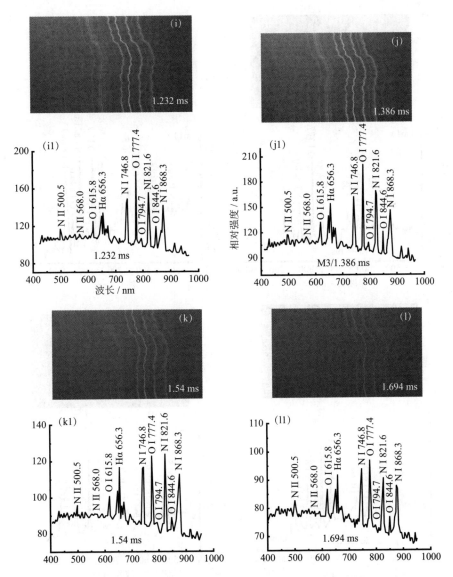

图 6-65　地闪 C 连续电流过程的原始光谱（a ~ p）和对应通道
某一高度处的谱线图（a1 ~ p1）（续）

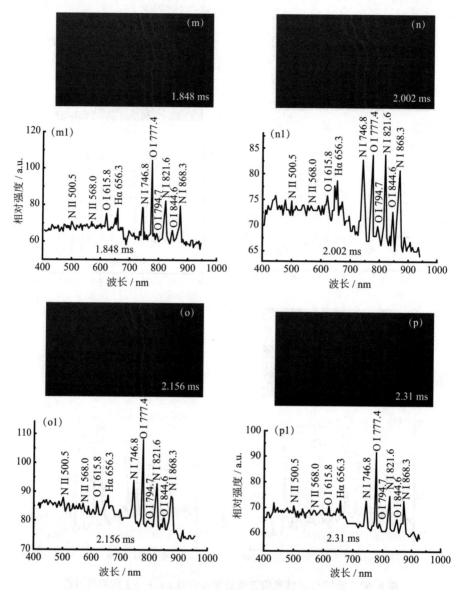

图 6-65　地闪 C 连续电流过程的原始光谱（a ~ p）和对应通道
某一高度处的谱线图（a1 ~ p1）（续）

从图 6-63、图 6-64 和图 6-65 中可以看出，地闪回击、M 分量和连续电流 3 种放电过程发射的光谱结构和谱线成分基本相似。在可见波长范围内（400 ~ 700 nm），除一条氢原子线外，光谱线主要都来自激发能较高的单电离的 N II 辐射，在红外波长范围内（700 ~ 900 nm），光谱线主要都来自激发能较低的中性 N I 和 O I 辐射，并且近红外波段内的 4 条强中性原子线 O I 777.4、N I 746.8、821.6 和 868.0 nm 存在于整个闪电阶段。

通过比较地闪 A、B、C 的回击 R 和回击后连续电流过程的光谱，可以发现，对于地闪 A，回击 R 在可见波段的离子线强度和在近红外波段的中性原子线强度都是最强的。对于地闪 B，可见波段的离子线强度也是回击 R 最强，M1 和 M2 相对较弱。但是近红外波段的中性原子线，M1 和 M2 要明显强于回击 R，同时，M1 和 M2 的连续辐射也要稍强于回击 R，这导致了 M1 和 M2 的光谱中所有谱线的强度之和大于回击 R 光谱中的所有谱线强度之和。对于地闪 C，可以发现与地闪 B 类似的情况，也是可见波段的离子线强度在回击 R 中最强，但是近红外波段的中性原子线 M1 和 M2 要明显强于回击 R，所有谱线强度之和也是 M1 和 M2 明显大于回击 R。

6.4.3　连续电流的物理特性

闪电发射光谱的特性，尤其是谱线的强度，密切相关于通道内的电流强度。闪电的光谱总强度，也就是在光谱曲线图下的总面积，它是所有离子辐射、中性原子辐射和连续辐射的总和。基于光栅分光的基本原理，光源分光后所得到的光谱总强度正相关于光源的发光强度。因此，在相同的观测条件下，闪电光谱的总强度正比于通道的发光强度。很明显，在地闪 B 和 C 的光谱图中，M1 和 M2 的光谱总强度也明显强于回击 R，但是 M1 和 M2 的离子线总强度却明显小于回击 R，这与 M1、M2 的电流小于回击 R 的电流的规律是一致的。因此，结合这 3 个地闪连续电流过程所有光学的、光谱的和电学的观测资料，可以发现，对于地闪回击和回击后的连续电流过程，电场变化幅度是和相应离子线总强度呈正相关的，而不是和光谱总强度（通道亮度）呈正相关性。

图 6-66（a）和图 6-66（b）给出了地闪 A、B 的连续电流过程的电场变化幅度与相应的离子线总强度的关系图。图中，R^2 表示线性相关性系数。可以明显看出，离子线总强度与相应电场变化幅度有很好的线性相关关系，两者的线性相关性系数达到了 0.96。需要说明的是，由于闪电放电通道的光谱和光学特征沿通道有轻微的变化，所以在相关性分析中，

所采用的光学和光谱参数是沿通道不同位置处所取的平均值。

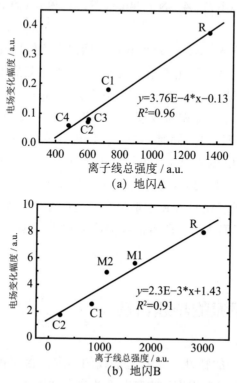

(a) 地闪A

(b) 地闪B

图6-66　地闪A和B连续电流过程的离子线总强度与电场变化幅度的关系（续）

　　通道的尺度是反映闪电放电强度等特性的一个重要参数。根据物理意义和观测手段的不同，通常有根据光学观测定义的可视通道直径（即发光范围），以及根据电流和电导率定义的核心通道直径。得到可视通道直径最直接的观测方法就是光学照相，但观测到的结果会受到周围散射光的影响。由于无狭缝摄谱仪的有效狭缝宽度就是光源本身的宽度，并且闪耀光栅使零级光谱的强度减小，可以在一定程度上消除散射光的影响；因此，通过无狭缝摄谱仪所观测到的零级光谱的线宽来研究闪电放电通道的可视直径，比直接的光学观测更为可靠。

　　鉴于在球状闪电研究中使用零级光谱的径向光强曲线的半高全宽表示了可视直径，研究了球形闪电的发光范围[105]。本研究利用同样的方法，由观测到的云地闪电的零级光谱，可以得到沿通道径向的光强分布曲线图，如图6-67所示。然后用此曲线图的半高全宽（FWHM）来表示通道的可视直径，即通道径向发光范围。需要说明的是，这里的可视直径是一个相对值，表示通道径向相对的发光范围，不是通道的实际直径，通道的实际直径指的是电流核心通道的直径。

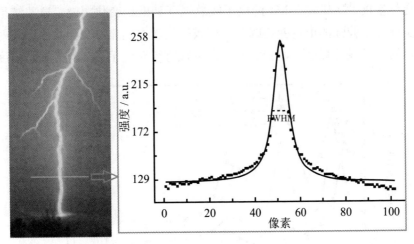

图 6-67　闪电通道可视直径的表示方法

由于闪电光谱中所有的离子线、中性原子线，以及连续辐射都对通道的径向发光范围有贡献，所以通道的可视直径应与光谱总强度紧密相关。为了证实这一推论，图 6-68 给出了地闪 B 连续电流过程的通道可视直径与相应光谱总强度的关系，可以看出，两者之间存在明显的线性关系，线性相关性系数达到了 0.98。

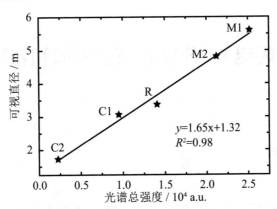

图 6-68　地闪 B 连续电流过程的通道可视直径与相应光谱总强度的关系

图 6-69 给出了地闪 C 连续电流过程中相应通道光谱总强度、可视直径和离子线总强度随时间的演化。可以看出，在大多数情况下，光谱总强度、可视直径和离子线总强度三者随时间的变化与电流的变化是一致的。

但在回击 R 和 M1 处却出现了例外的情况。回击 R 的光谱总强度和通道可视直径小于 M1 的光谱总强度和可视直径，而 R 的离子线总强度和电场变化幅度[106]却大于 M1 的离子线总强度和电场变化幅度。这些结果进一步证实了较强的电场变化幅度，即较强的放电电流，会导致光谱辐射中较强的离子线总强度，而较大的通道可视直径对应于较强的光谱总强度。

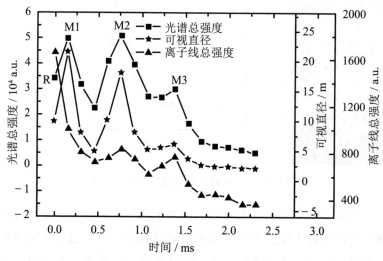

图 6-69　地闪 C 连续电流过程的光谱总强度、通道可视直径和
离子线总强度随时间的演化

6.5　闪电 M 分量的原子光谱和物理特性

6.5.1　引言

在回击之后的连续电流阶段，原本发光很微弱的通道，其亮度有时会突然增强，研究者们把这一现象命名为 M 分量（或 M 变化）。M 分量通常是叠加在连续电流过程之上的脉冲放电，它会使原来缓慢变化的连续电流的电场发生突变。M 分量放电时间的几何平均值为 0.9 ms，并且两个相邻 M 分量之间的时间间隔几何平均值为 2.1 ms[107]。M 分量的放电电

流峰值在 100 ~ 200 A 之间，且向地面转移的电荷量为 0.1 ~ 0.2 C[108]。

地闪 M 分量脉冲放电通常是叠加在连续电流的过程中，所以它的产生与连续电流过程有着必然联系。研究指出，M 分量是形成长连续电流的必要条件[109]。长、短连续电流上都可以叠加 M 分量。赵阳等人[110] 报道了 M 分量的发生可能对回击之后维持原有通道和保持连续电流具有很大作用。Rakov 等人[111] 首次提出了一个 M 分量的发生机制，认为 M 分量是由向下传输的入射波和之后向上传输的反射波组成，但向下的波不伴随有电荷沉积在通道内。Jordan 等人[112] 报道了一次自然闪电回击之后的两个 M 分量的发光特性，发现 M 分量的发光特性与回击的发光特性有明显不同。回击光脉冲表现为在地面快速上升到峰值，之后随通道高度增加而明显降低，而 M 分量的光脉冲幅度随通道高度的增加略微增大。同时他还发现 M 分量光脉冲随时间变化的波形几乎是对称的，脉冲上升和下降时间都大于几十毫秒。而回击的光脉冲波形与其电流波形一样，表现为在最初几微秒内快速上升到峰值，然后在之后几十微秒内缓慢下降。

6.5.2　M 分量的原子光谱

分析资料来源于无狭缝高速摄谱仪在中国青海记录到的一次负地闪首次回击后伴随的长连续电流过程上叠加的 3 个 M 分量。摄谱仪的拍摄速率为 6 500 帧 /s，分辨率为 1 280×400。图 6-70 给出了整个过程的原始发光图片。将回击 R 发生的时间定义为 0 ms。回击 R 前的先导只记录了两张图片。回击 R 之后，原通道分支消失，伴随有一个持续时间大约为 2.464 ms 的长连续电流过程，并在连续电流过程上叠加有 3 个 M 分量，分别用 M1、M2、M3 表示。对应时刻分别为 0.154、0.770 和 1.386 ms。M1 与 M2，M2 与 M3 之间的时间间隔均为 0.616 ms。M1 和 M2 对应的通道亮度大于回击 R 的通道亮度。

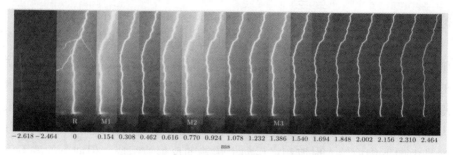

图 6-70 回击和 M 分量的原始发光通道

为进一步比较分析 M 分量的发光特性，图 6-71 给出了回击 R 与 M1、M2、M3 的原始光谱。图 6-71 中每一张图片的右侧和左侧分别对应零级光谱和一级光谱。将 R、M1、M2、M3 的一级原始光谱图片转化为对应通道某一高度位置处的谱线图，如图 6-72 所示。

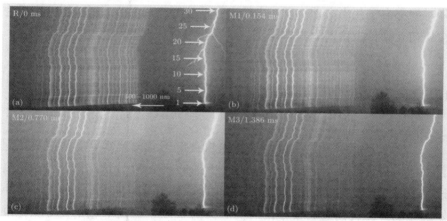

图 6-71 回击 R 和 M1、M2、M3 的原始光谱

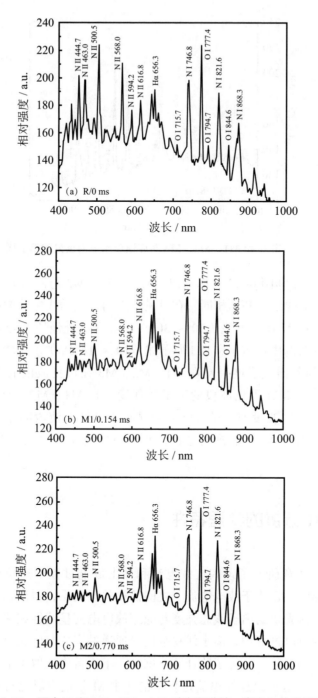

图 6-72   回击 R 和 M1、M2、M3 对应通道某一高度处的谱线图

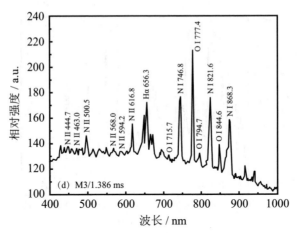

图 6-72　回击 R 和 M1、M2、M3 对应通道某一高度处的谱线图（续）

由图 6-71 和图 6-72 可以看出，M1、M2、M3 与回击 R 的光谱结构大体相似，谱线组成基本相同。在可见范围内，光谱线主要为激发能较高的一次电离的 N II 离子线（20 ~ 30 eV）。在红外波段，光谱线则主要为激发能较低的中性 N I 和 O I 原子线（10 ~ 14 eV）。比较回击 R 和 3 个 M 分量的各谱线强度，发现 M1、M2、M3 在可见波段的离子线强度明显小于回击 R 在可见波段的离子线强度。在 M1、M2、M3 的整个发射光谱中，可见波段的离子线强度明显小于其红外波段的原子线强度。由此可知，对于 M 分量放电过程，其通道发光主要来自红外波段的光辐射。

6.5.3　M 分量的物理特性

本书第 4 章研究了地闪连续电流和回击放电过程中离子线总强度和电场变化幅度（正比于放电电流）之间的相关性关系，得出在这两种放电过程中，辐射光谱的离子线总强度与通道放电电流呈线性相关性。这意味着在这两种放电过程中，离子线总强度沿通道的变化与电流沿通道高度的变化是一致的。所以，为了验证这一推论，下面首先选取了上一节中所用的闪电资料。这里以连续电流过程中的 3 个 M 分量为研究对象，研究了其离子线总强度沿通道的变化，变化趋势在图 6-73 中给出。横坐标表示通道高度。从图中可以看出，地闪中无论是回击放电还是 M 分量，其离子线总强度沿通道高度的增加呈减小趋势。

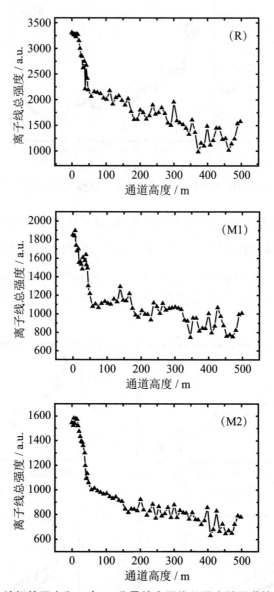

图 6-73　地闪的回击和 3 个 M 分量的离子线总强度随通道的变化趋势

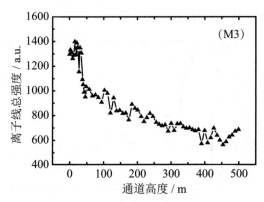

图 6-73 地闪的回击和 3 个 M 分量的离子线总强度随通道的变化趋势（续）

图 6-74 表示地闪的回击 R 和 3 个 M 分量的离子线总强度随通道高度线性和指数衰减的拟合图。图中，R_{line}^2 和 R_{exp}^2 分别表示线性拟合和指数拟合的相关性参数。从图中可以看出，3 个 M 分量的离子线总强度随通道高度指数衰减拟合的相关性参数值的变化大于或等于线性衰减拟合的相关性参数值。

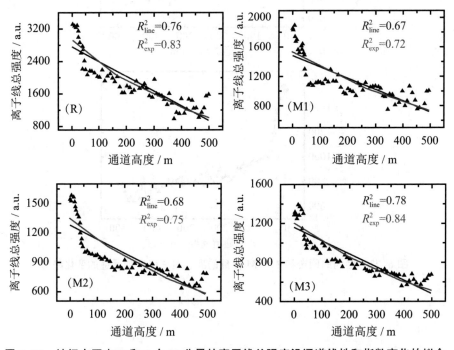

图 6-74 地闪中回击 R 和 3 个 M 分量的离子线总强度沿通道线性和指数变化的拟合

　　地闪放电通道可视直径与光谱总强度是线性相关的，所以，通道可视直径沿通道的变化趋势应该与光谱总强度沿通道的变化趋势一致。为了验证这一推论，图 6-75 和图 6-76 给出了地闪的回击 R 和 3 个 M 分量的通道可视直径和光谱总强度随通道高度的变化。在图 6-75 中明显可以看出，R、M1、M2、M3 的通道可视直径（即相对径向发光范围）在地面连接点附近有一明显突增，这也可以从它们的原始通道图中看出。而在图 6-76 中，它们的光谱总强度在地面连接点附近却没有明显增大；在图 6-73 中，它们的离子线总强度在地面连接点附近也是最强的。

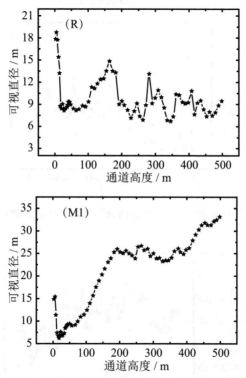

图 6-75　地闪中回击 R 和 3 个 M 分量的通道可视直径随通道高度的变化

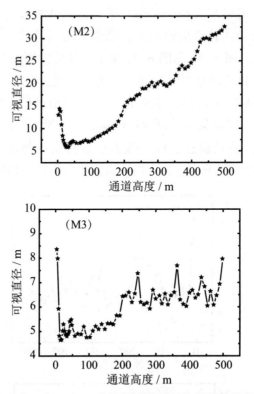

图 6-75　地闪中回击 R 和 3 个 M 分量的通道可视直径随通道高度的变化（续）

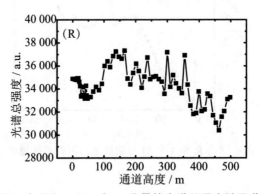

图 6-76　地闪 C 中回击 R 和 3 个 M 分量的光谱总强度随通道高度的变化

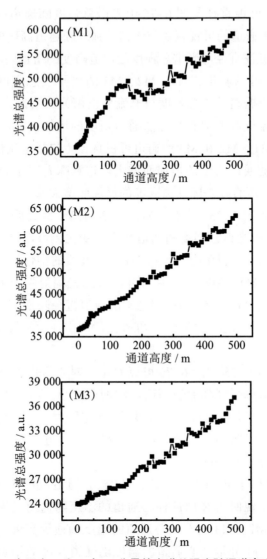

图 6-76　地闪 C 中回击 R 和 3 个 M 分量的光谱总强度随通道高度的变化（续）

　　闪电通道是由中间的电流核心通道和周围的电晕层通道组成的。中间的电流核心通道辐射出的是激发能较高的离子线，周围的电晕层通道辐射出的是激发能较低的中性原子线。因此，由于在地面连接点附近，从周围电晕层通道发出的较弱的光，经过光栅分光后在一级谱上的光强会变得更弱，从而没有被摄谱仪记录到，但是这些较弱的光在零级谱上对通道可视直径是有贡献的。所以图 6-75 中在地面连接点附近，通道可视直径有一突增，而图 6-76 中相应的光谱总强度没有突增。除了在地面连接点附近，

图 6-75 中通道可视直径与图 6-76 中光谱总强度随通道高度的变化基本一致，其中回击通道的可视直径与光谱总强度随通道高度的增加而减小，M 分量通道的可视直径与光谱总强度随通道高度的增加而增大。

由图 6-73 可以看出，M1、M2、M3 的离子线总强度随通道高度的增加而减小。依据离子线总强度与电流呈正相关的结论，可以得到 M1、M2、M3 的电流核心通道直径也随通道高度的增加而减小。而从图 6-75 中可以看出，M1、M2 和 M3 的通道可视直径（包括电流核心通道和电晕层通道区域）随通道高度的增加而增大。这意味着对于 M1、M2、M3，其周围电晕层通道直径是随通道高度的增加而增大的。

同时，比较图 6-73 中 M1、M2、M3 的离子线总强度随通道高度的变化与图 6-76 中光谱总强度随通道高度的变化，可以得出在 M1、M2、M3 的通道上端，其光辐射主要来自在红外波段的中性原子辐射和连续辐射。也就是说，M1、M2、M3 在红外波段的光辐射随通道高度的增加而增大。这与 M1、M2、M3 的周围电晕层通道直径随通道高度的增加而增大相一致。因此可以进一步得出，红外波段的中性原子线是由周围的电晕层通道辐射的。

此外，由图 6-75 和图 6-76 可以看出，对于闪电回击放电，通道的可视直径和光谱总强度随通道高度的增加而减小，而对于 M 分量，通道的可视直径和光谱总强度随通道高度的增加而增大。这与 Jordan 等人[112]报道的回击放电光脉冲最大值在通道下端地面附近，而 M 分量光脉冲最大值在通道上端是一致的。

图 6-77 给出了 R 与 M1、M2、M3 核心通道温度 Tcore 沿通道高度的变化。可以发现回击 R 内部核心通道的温度随通道高度的增加呈增加的趋势，M1、M2、M3 内部核心通道的温度随通道高度的增加明显呈减小的趋势。3 个 M 分量核心通道的温度随通道高度的增加而减小，与一般通常的负地闪回击核心通道温度的变化规律相同，并且这 3 个 M 分量核心通道内温度沿通道的变化规律与离子线总强度沿通道的变化规律相一致。

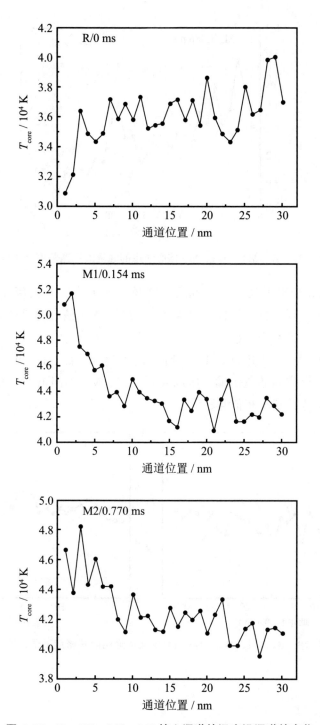

图 6-77 R、M1、M2、M3 核心通道的温度沿通道的变化

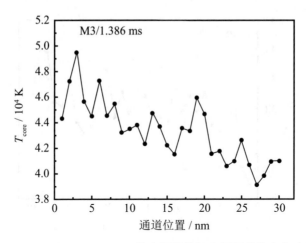

图 6-77 R、M1、M2、M3 核心通道的温度沿通道的变化（续）

图 6-78 给出了 R、M1、M2、M3 核心通道内电子密度 $n_{e\text{-}core}$ 随通道高度的变化。可以看出，回击 R 与 M1、M2、M3 核心通道的电子密度均沿通道基本保持不变。这与一般没有伴随连续电流过程下行负地闪的研究结果有所不同。此闪电回击 R 后伴随有长连续电流过程，并且 M 分量是沿着回击已形成的通道传输，所以 M1、M2、M3 和回击 R 的电子密度沿通道的传输特性基本相似且稳定。

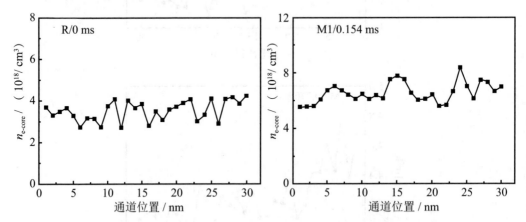

图 6-78 R、M1、M2、M3 核心电流通道的电子密度随通道的变化

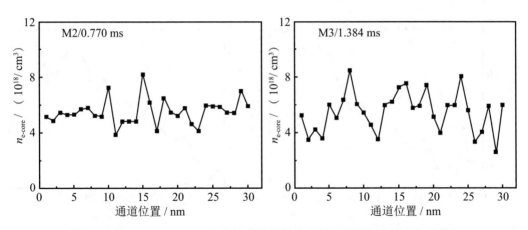

图 6-78　R、M1、M2、M3 核心电流通道的电子密度随通道的变化（续）

图 6-77 中 R、M1、M2、M3 核心通道温度的平均值分别为 36 040 K、43 940 K、42 560 K 和 43 350 K。图 6-78 中 R、M1、M2、M3 核心通道电子密度的平均值分别为 $3.51×10^{18}/cm^3$、$6.56×10^{18}/cm^3$、$5.52×10^{18}/cm^3$ 和 $5.49×10^{18}/cm^3$。M1、M2、M3 核心通道的温度和电子密度的平均值均高于相应回击 R 核心通道的温度和电子密度的平均值。这是因为温度与电流的时间积分有关，即温度不仅与电流大小有关，还与电流作用时间有关。在回击 R 过后的连续电流阶段，由于电流的持续加热作用，M 分量过程的温度整体比回击时刻的温度高，并且由于通道持续向地面转移电荷，M 分量放电通道的电子密度也会较高。

图 6-79 给出了 R、M1、M2、M3 外围电晕层通道温度 T_{corona} 沿通道的变化。可以看出，回击 R 和 M1、M2、M3 外围电晕层通道的温度都随通道高度的增加而增大。

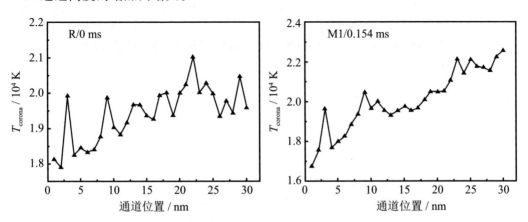

图 6-79　R、M1、M2、M3 电晕层通道的温度随通道高度的变化

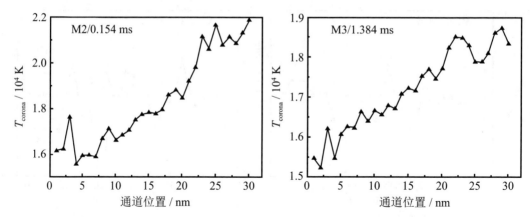

图 6-79　R、M1、M2、M3 电晕层通道的温度随通道高度的变化（续）

图 6-80 给出了 R、M1、M2、M3 外围电晕层通道的电子密度 $n_{\text{e-corona}}$ 沿通道的变化。可以看出，回击 R 和 M3 电晕层通道的电子密度随通道高度的增加没有明显变化。M1 和 M2 电晕层通道的电子密度随通道高度的增加而增大。这与它们电晕通道内电流的大小有关。

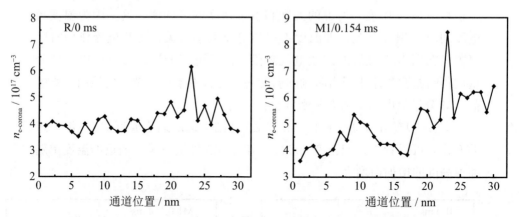

图 6-80　R、M1、M2 和 M3 电晕层通道的电子密度随通道高度的变化

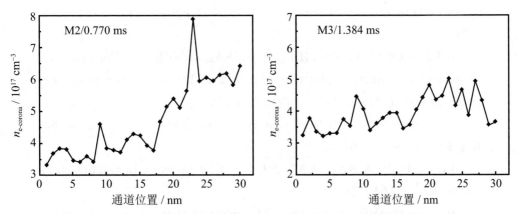

图 6-80　R、M1、M2 和 M3 电晕层通道的电子密度随通道高度的变化（续）

图 6-79 中 R、M1、M2、M3 外围电晕层通道温度的平均值分别为 19 410 K、20 050 K、18 380 K 和 17 210 K。图 6-80 中 R、M1、M2、M3 外围电晕层通道电子密度的平均值分别为 $4.14 \times 10^{17}/cm^3$、$4.97 \times 10^{17}/cm^3$、$4.71 \times 10^{17}/cm^3$ 和 $3.94 \times 10^{17}/cm^3$，明显低于核心通道的温度和电子密度。外围电晕层通道的温度比各自内部核心通道的温度分别低 10 000 ~ 20 000°。电子密度在外围电晕层通道比在核心通道低了一个数量级。

参考文献

[1] RAKOV V A，UMAN M A.Lightning：physics and effects[M]. Cambridge：Cambridge University Press，2003.

[2] SALANAVE L E. The optical spectrum of lightning[J].Science，1961，134：1395.

[3] SALANAVE L E，ORVILLE R E，RICHARDS C N.Slitless spectra of lightning in the region from 3850 to 6900 Angstroms[J].J. Geophys. Res.，1962，67：1877.

[4] PRUEITT M L.The excitation temperature of lightning[J].J. Geophys.Res.，1963，68：803.

[5] UMAN M A，ORVILLE R E.Electron density measurement in

lightning from stark broadening of Hα[J].J. Geophys.Res., 1964, 69: 5151.

[6] UMAN M A, ORVILLE R E, SALANAVE L E.The density, pressure, and particle distribution in a lightning stroke near peak temperature[J].J. Atoms. Sci., 1964, 21: 306.

[7] UMAN M A. The peak temperature of lightning[J].J. Atmos. Sol. Terr. Phys., 1964, 26: 123.

[8] MEINEL A B, SALANAVE L E.N2+ emission in lightning[J].J. Atoms. Sci., 1964, 21: 157.

[9] SALANAVE L E, BROOK M. Lightning photography and counting in daylight, using Hα emission[J].J. Geophys. Res., 1965, 70: 1285.

[10] UMAN M A, ORVILLE R E.The opacity of lightning[J].J. Geophys. Res., 1965, 70: 5491.

[11] UMAN M A.Determination of lightning temperature[J].J. Geophys. Res., 1969, 74: 949.

[12] ORVILLE R E, SALANAVE L E.Lightning spectroscopy-photographic techniques[J].Appl. Optics., 1970, 9: 1775.

[13] KRIDER E P.Lightning spectroscopy[J].Nucl. Instrum. Meth., 1973, 110: 411.

[14] ORVILLE R E. High-speed, time-resolved spectrum of a lightning stroke[J].Science, 1966, 151: 451.

[15] ORVILLE R E. A high-speed time-resolved spectroscopic study of the lightning return stroke: part I. a qualitative analysis[J].J. Atoms. Sci., 1968, 25: 827.

[16] ORVILLE R E. A high-speed time-resolved spectroscopic study of the lightning return stroke: part II. a quantitative analysis[J].J. Atoms. Sci., 1968, 25: 839.

[17] ORVILLE R E. A high-speed time-resolved spectroscopic study of the lightning return stroke. part III. a time-dependent model[J].J. Atoms. Sci., 1968, 25: 852.

[18] WALLACE L. Note on the spectrum of lightning in the region 3670 to 4280 Å[J].J. Geophys.Res., 1960, 65: 1211.

[19] ORVILLE R E, HENDERSON R W.Absolute spectral irradiance

measurements of lightning from 375 to 880 nm[J].J. Atmos. Sci., 1984, 41: 3180.

[20] WEIDMAN C, BOYE A, CROWELL L.Lightning spectra in the 850 to 1400 nm near-infrared region[J].J. Geophys.Res., 1989, 94: 13249.

[21] 郄秀书，张其林，袁铁.雷电物理学 [M].北京：科学出版社，2013.

[22] SCHONLAND B F J, MALAN D J, COLLENS H.Progressive lightning II[J].Proc. R. Soc.London.Ser., 1935, 152: 595.

[23] KRIDER E P. The relative light intensity produced by a lightning stepped leader[J].J. Geophys. Res., 1974, 79: 4542.

[24] CHEN M, TAKAGI N, WATANABE T, et al. Spatial and temporal properties of optical radiation produced bystepped leaders[J].J. Geophys. Res., 1999, 104: 27573.

[25] QIE X, KONG X. Progression features of a stepped leader process with four grounded leader branches[J].Geophys. Res. Lett., 2007, 34: L06809.

[26] KONG X, QIE X, ZHAO Y.Characteristics of downward leader in a positive cloud-to-ground lightning flash observed by high-speed video camera and electric field changes[J].Geophys. Res. Lett., 2008, 35: L05816.

[27] LU W, WANG D, TAKAGI N, et al. Characteristics of the optical pulses associated with a downwardbranched stepped leader[J].J. Geophys. Res., 2008, 113: D21206.

[28] HILL J D, UMAN M A, JORDAN D M. High-speed video observations of a lightning stepped leader[J].J. Geophys. Res., 2011, 116: D16117.

[29] NAGAI Y, KAWAMATA S, EDANO Y.Observation of preceding leader and its downward traveling velocity in Utsunomiya district[J].Res. Lett. Atmos. Electr., 1982, 2: 53.

[30] ORVILLE R E. Spectrum of the lightning stepped leader[J].J. Geophys.Res., 1968, 73: 6999.

[31] 岑建勇.云地闪电及球状闪电高时间分辨光谱的观测和分析究

[D]. 兰州：西北师范大学，2015.

[32] WARNER T A，ORVILLE R E，MARSHALL J L，et al. Spectral （600 ～ 1050 nm）time exposures（99.6 ms）of a lightning stepped leader[J].J. Geophys. Res.，2011，116：D12210.

[33] 袁萍，常轩，王雪娟，等 . 闪电先导传输过程中通道温度的变化 [J]. 西北师范大学学报，2017，53：44.

[34] CHANG X，YUANA P，CEN J，et al. Variation of the channel temperature in the transmission of lightning leader[J].J. Atmos. Sol.-Terr. Phys.，2017，159：41-47.

[35] CEN J，HOU Q，YUAN P，et al. Electron density measurement of a lightning stepped leader by oxygen spectral lines[J].AIP Advances，2018，8：85019.

[36] GUO Y X，YUAN P，HAI-YAN Q U. Calculation of electron density for lightning discharge plasma by N I 493.5 nm Line Stark broadening[J].Plateau Meteorology，2009，28（3）：675-679.

[37] GUO Y X，YUAN P，SHEN X Z，et al. The electrical conductivity of a cloud-to-ground lightning discharge channel[J].Physica Scripta，2009，80（3）：035901.

[38] CAMPOS L Z S，SABA M M F，WARNER T A，et al. High-speed video observations of natural cloud-to-ground lightning leaders-a statistical analysis[J].Atmos. Res.，2014，135：285.

[39] LI Q，YUANA P，CEN J，et al. The luminescence characteristics and propagation speed of lightning leaders[J].J. Atmos. Sol.-Terr. Phys.，2018，173：128-139.

[40] LU W，WANG D，TAKAGI N，et al. Characteristics of the optical pulses associated with a downward branched stepped leader[J]. Journal of Geophysical Research：Atmospheres，2008：113.

[41]LU W，GAO Y，CHEN L，et al. Three-dimensional propagation characteristics of the leaders in the attachment process of a downward negative lightning flash[J].Journal of Atmospheric and Solar-Terrestrial Physics，2015，136：23-30.

[42] QIU S，JIANG Z，SHI L，et al. Characteristics of negative lightning leaders to ground observed by TVLS[J].Journal of Atmospheric

and Solar-Terrestrial Physics, 2015, 136: 31-38.

[43] WANG D, TAKAGI N, LIU X, et al. Luminosity characteristics of multiple dart leader/return stroke sequences measured with a high-speed digital image system[J].Geophys. Res. Lett., 2004, 31: L02111.

[44] 王道洪，郄秀书，郭昌明.雷电与人工引雷 [M].上海：上海交通大学出版社，2000.

[45] ORVILLE R E.Spectrum of the lightning dart leader[J].J. Atmos. Sci., 1975, 32: 1829.

[46] CEN J, YUAN P, XUE S, et al. Spectral characteristics of lightning dart leader propagating in long path[J].Atmospheric Research, 2015, 164-165: 95-98.

[47] IDONE V P, ORVILLE R E. Correlated peak relative light intensity and peak current in triggered lightning subsequent return strokes[J].J. Geophys. Res., 1985, 90: 6159.

[48] BAZELYAN E M, RAIZER Y P.Lightning physics and lightning protection[M].Bristol and Philadelphia: Institute of Physics Publishing, 2000.

[49] UNGE M, SINGHA S, DUNG N V, et al. Enhancements in the lightning impulse breakdown characteristics of natural ester dielectric liquids[J].Appl. Phys. Lett., 2013, 102: 172905.

[50] ZHAO J, YUAN P, CEN J, et al. Characteristics and applications of near-infrared emissions from lightning[J].J. Appl. Phys., 2013, 114: 163303.

[51] WANG X, YUAN P, CEN J, et al. The channel radius and energy of cloud-to-ground lightning discharge plasma with multiple return strokes[J].Phys. Plasmas, 2014, 21: 033503.

[52] NAGAI T, HIRATA A.Computation of induced electric field and temperature elevation in human due to lightning current[J].Appl. Phys. Lett., 2010, 96: 183704.

[53] JERAULD J, UMAN M A, RAKOV V A, et al. Electric and magnetic fields and field derivatives from lightning stepped leaders and first return strokes measured at distances from 100 to 1000 m[J].J. Geophys. Res., 2008, 113: D17111.

[54] UMAN M A.The lightning discharge[M].London ： Academic Press，1987.

[55] ENOTO T ，WADA Y，FURUTA Y，et al. Photonuclear reactions triggered by lightning discharge[J].Nature，2017，551：481-484.

[56] YUASA T，WADA Y，ENOTO T， et al. Thundercloud Project: Exploring high-energy phenomena in thundercloud and lightning[J]. Progress of Theoretical and Experimental Physics, 2020, 10, 103H01.

[57] URBANI M，MONTANYÀ J，van der VELDE O A， et al. High-Energy Radiation From Natural Lightning Observed in Coincidence With a VHF Broadband Interferometer[J]. 2021, 126, e2020JD033745.

[58] YOSHIDA S，MORIMOTO T，USHIO T， et al. High energy photon and electron bursts associated with upward lightning strokes[J]. 2008, L10804.

[59] CEN J，YUAN P，QU H，et al. Analysis on the spectra and synchronous radiated electric field observation of cloud-to-ground lightning discharge plasma[J].Phys. Plasmas，2011，18：113506.

[60] XU H，YUAN P，CEN J，et al. The changes on physical characteristics of lightning discharge plasma during individual return stroke process[J].Phys. Plasmas，2014，21：033512.

[61] HILL R D.Channel heating in return-stroke lightning[J].J. Geophys. Res.，1971，763：637.

[62] 袁萍，刘欣生，张义军，等 . 闪电首次回击的光谱特性 [J]. 高原气象，2003，22：235.

[63] 袁萍 . 闪电回击过程的光谱以及相关离子跃迁特性的研究 [D]. 兰州：中国科学院寒区旱区环境与工程研究所，2003.

[64] 欧阳玉花 . 闪电放电通道的温度特性 [D]. 兰州：西北师范大学，2006.

[65] 岑建勇 . 闪电通道热力学特性与放电特性的相关性研究 [D]. 兰州：西北师范大学，2012.

[66] 袁萍，刘欣生，张义军，等 . 高原地区云对地闪电首次回击的光谱研究 [J]. 地球物理学报，2004，47：42.

[67] NIST 数 据 库，http：//physics.nist.gov/PhysRefData/ASD/lines_ form.html.

[68] 袁萍，欧阳玉花，吕世华，等 . 青海地区闪电回击通道的温度特性 [J]. 高原气象，2006，25：503.

[69] 袁萍，郄秀书，吕世华，等 . 一次强云对地闪电首次回击过程的光谱分析 [J]. 光谱学与光谱分析，2006，26：733.

[70] QU H，YUAN P，ZHANG T，et al. Analysis on the correlation between temperature and discharge characteristic of cloud-to-ground lightning discharge plasma with multiple return strokes[J].Phys. Plasmas.，2011，18：13504.

[71] WANG D，TAKAGI N，WATANABE T，et al. A comparison of channel-base currents and optical signals for rocket-triggered lightning strokes[J].Atoms.Res.，2005，76：412.

[72] SUSZCYNSKY D M，LIGHT T E，DAVIS S，et al. Coordinated observations of optical lightning from spaceusing the forte photodiode detector and CCD imager[J].J. Geophys.Res.，2001，106：17897.

[73] KOSHAK W J. Optical characteristics of OTD flashes and the implications for flash-type discrimination[J].J. Atmos. Ocean. Tech.，2010，27：1822.

[74] FREY H U，MENDE S B，CUMMER S A，et al. Beta-type stepped leader of elve-producing lightning[J].Geophys. Res. Lett. ，2005，32：L13824.

[75] ZHAO J，YUAN P，CEN J，et al. Characteristics and applications of near-infrared emissions from lightning[J].J.Appl. Phys.，2013，114：163303.

[76] CEN J，YANG C，YANG S，et al. A spectral comparison oflightning dischargeplasma and laser-induced air plasma[J].AIP Advances，2022，12：65202.

[77] 王瑞燕，袁萍，岑建勇，等 . 闪电通道温度诊断中观测距离的影响 [J]. 物理学报，2014，63：99203.

[78] 张华明，袁萍，吕世华，等 . 闪电回击通道的电子密度研究 [J]. 高原气象，2007，26：264.

[79] CEN J，YUAN P，XUE S，et al. Resistance and internal electric field in cloud-to-ground lightning channel[J].Appl. Phys. Lett.，2015，106：54104.

[80] BENNETT A J, HARRISON R G. Lightning-induced extensive charge sheets provide long range electrostatic thunderstorm detection[J]. Phys. Rev. Lett., 2013, 111: 45003.

[81] BIAGI C J, UMAN M A, GOPALAKRISHNAN J, et al. Determination of the electric field intensity and space charge density versus height prior to triggered lightning[J].J. Geophys. Res., 2011, 116: D15201.

[82] HAGER W W, SONNENFELD R G, ASLAN B C, et al. Analysis of charge transport during lightning using balloon-borne electric field sensors and Lightning Mapping Array.J. Geophys. Res., 2007, 112: D18204.

[83] RAKOV V A.Some inferences on the propagation mechanisms of dart leaders and return strokes[J].J. Geophys. Res., 1998, 103: 1879.

[84] BABA Y, RAKOV V A.Electromagnetic models of the lightning return stroke[J].J. Geophys. Res., 2007, 112: D04102.

[85] LARSSON A, DELANNOY A, LALANDE P.Voltage drop along a lightning channel duringstrikes to aircraft[J].Atoms. Res., 2005, 76: 377.

[86] PAVLOVIC D, CVETIC J, HERDLER F, et al. Vertical electric field inside the lightning channel and thechannel-core conductivity during discharge-comparison of differentreturn stroke models[J].Electr. Pow. Syst. Res., 2014, 113: 30.

[87] PLOMBON J J, ANDIDEH E, DUBIN V M, et al. Influence of phonon, geometry, impurity, and grain size on Copper line resistivity[J]. Appl. Phys. Lett., 2006, 89: 113124.

[88] CHEN X H, LU L, LU K. Electrical resistivity of ultrafine-grained copper with nanoscale growth twins[J].J. Appl. Phys., 2007, 102: 83708.

[89] TANG J, JIANG W, ZHAO W, et al. Development of a diffuse air-argon plasma source using a dielectric-barrier discharge at atmospheric pressure[J].Appl.Phys. Lett., 2013, 102: 33503.

[90] ZHOU E, LU W, ZHANG Y, et al. Correlation analysis between the channel current and luminosity of initial continuous and continuing current processes in an artificially triggered lightning flash[J].

Atmos. Res. , 2013, 79: 129-130.

[91] FAN X, ZHANG G, WANG Y, et al. Analyzing the transmission structures of long continuing current processes from negative ground flashes on the Qinghai-Tibetan Plateau[J].J. Geophys. Res., 2014, 119: 2050.

[92] HILL R D. Determination of charges conducted in lightning strokes[J].J. Geophys. Res., 1963, 68: 1365.

[93] 王雪娟, 袁萍, 岑建勇, 等 . 依据光谱研究闪电放电通道的半径及能量传输特性 [J]. 物理学报, 2013, 62: 109201.

[94] WANG X, YUAN P, CEN J, et al. The channel radius and energy of cloud-to-ground lightning dischargeplasma with multiple return strokes[J].Phys. Plasmas., 2014, 21: 33503.

[95] TAYLO A R. Diameter of lightning as indicated by tree scars[J].J. Geophys. Res., 1965, 70: 5693.

[96] PLOOSTER M N. Numerical model of the return stroke of the lightning discharge[J].Phys. Fldids., 1971, 14: 2124.

[97] BOROVSKY J E. Lightning energetics: Estimates of energy dissipation in channels, channel radii, and channel-heating risetimes[J].J. Geophys. Res., 1998, 103: 11537.

[98] WANG D, TAKAGI N, WATANABE T, et al. A comparison of channel-base currents and optical signals for rocket-triggered lightning strokes[J].Atmos. Res., 2005, 76: 412.

[99] KITAGAWA N, BROOK M, WORKMAN E J. Continuing currents in cloud-to-ground lightning discharges[J].J. Geophys. Res., 1962, 67: 637-647.

[100] BROOK M, KITAGAWA N, WORKMAN E J. Quantitative study of strokes and continuing currents in lightning discharges to ground[J]. J. Geophys. Res., 1962, 67 (2): 649-659.

[101] SHINDO T, UMAN M A. Continuing current in negative cloud-to-ground lightning[J].J. Geophys. Res., 1989, 94: 5189-5198.

[102] BALLAROTTI M G, SABA M M F, PINTO Jr O. High-speed camera observations of negative ground flashes on a millisecond-scale[J].J. Geophys. Res., 2005, 32: 23802-23808.

[103] SABA M M F, PINTO Jr O, BALLAROTTI M G. Relation

between lightning return stroke peak current and following continuing current[J].Geophysical Research Letters, 2006, 33（L23807）: 1029-1037.

[104] 李俊，张义军，吕伟涛，等 . 一次多回击自然闪电的高速摄像观测 [J]. 应用气象学报，2008，19（4）: 401-411.

[105] CEN J，YUAN P，XUE S. Observation of the optical and spectral characteristics of ball lightning[J].Phys. Rev. Lett., 2014, 112: 35001.

[106] XUE S，YUAN P，CEN J，et al. Spectral observations of a natural bipolar cloud-to-ground lightning[J].J. Geophys. Res. Atmos., 2015，120: 1972-1979.

[107] THOTTAPPILLIL R，RAKOV V A，UMAN M A. K and M changes in close lightning ground flashes in Florida[J].J. Geophys. Res., 1990，95: 18631-18640.

[108] THOTTAPPILLIL R，GOLDBERG J D，RAKOV V A，et al. Properties of M components from currents measured at triggered lightning channel base[J].J. Geophys. Res, 1995，100（D12）: 25711-25720.

[109] FISHER R J，SCHNETZER G H，THOTTAPPILLIL R，et al. Parameters of triggered-lightning flashes in Florida and Alabama[J].J. Geophys. Res., 1993，98: 22887-22908.

[110] 赵阳，郄秀书，陈明理，等 . 人工触发闪电中的 M 分量特征 [J]. 高原气象，2011，30（2）: 508-517.

[111] RAKOV V A，THOTTAPPILLIL R，UMAN M A.Mechanism of the lightning M component[J].J. Geophys. Res., 1995，100: 25701-25710.

[112] JORDAN D M，IDONE V P，ORVILLE R E，et al. Luminosity characteristics of lightning M components[J].J. Geophys. Res., 1995，100（25）: 695-700.

第7章 球状闪电的原子发射光谱

7.1 球状闪电

球状闪电是自然界中一种神秘且罕见的物理现象。它通常发生于雷暴天气，呈球形形状，能以几米每秒的速度运动，具有多变的色彩。为了揭开它的物理本质，许多科学家致力于球状闪电的研究[1-15]。但是，由于自然界球状闪电发生的不可预见性，出现的频率很低，并且存在时间很短，给试验观测及研究工作带来很大的困难[16]。

早在几个世纪之前，球状闪电就被人们看到了，但对它进行科学研究开始于20世纪中期[17-19]。科学家们通过收集大量目击者的描述，总结出球状闪电的外貌特征，如形状、大小、颜色、寿命、运动速度等[20-28]。通常，球状闪电都在雷暴之下发生，几乎是伴随云地闪电同时出现或者出现在云地闪电附近。也有报道称，球状闪电在空地、房间内甚至飞机舱中出现。球状闪电出现后，有时是静止的，但大部分是横向水平运动的。有数目击者说它会被引向金属物品或磁性物体，也会沿着电话线等金属丝游走。其移动速度一般为几米每秒。它一般呈球形或椭球形，直径大约是10～50 cm不等。图7-1给出Bychkov等人[29]从1 800多名目击者描述中统计出的球状闪电的直径，可以看出，也有目击者看到小到几厘米、大到几米的球状闪电，它的生命期较短，只能维持几秒。图7-2给出了McNally[30]统计的400多名目击者看到的球状闪电存在时间的分布图。球状闪电典型的存在时间为1～4 s，但有些也维持了1 min以上。白色和黄色是目击者们看到的球状闪电最常见的两种颜色，但也有人看到过红色、橘黄色、紫色、绿色等颜色。有些球状闪电伴随有臭味或烧焦味。在球状闪电短短几秒的生命中，它的亮度、形状和大小一般变化不大。球状闪电会突然爆炸消失，也会安静地消失。

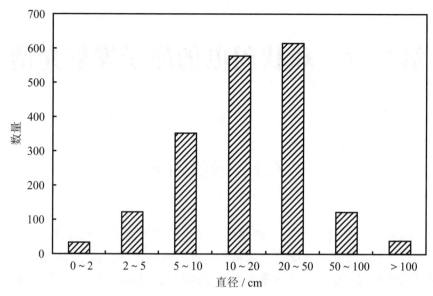

图 7-1　球状闪电直径统计分布

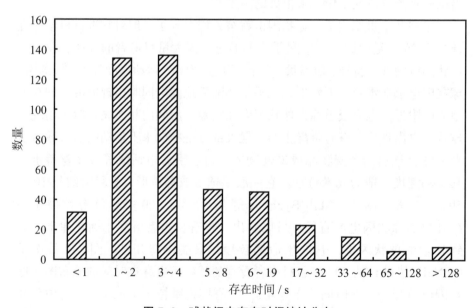

图 7-2　球状闪电存在时间统计分布

理论上，有许多模型和假说被用来解释球状闪电 [31-40]。相关的理论主要分为两类。

一类理论认为，球状闪电的能量来源于外界。Lowke 等人 [41, 42] 提出球状闪电是一个电晕放电，能量来自地表负电荷和地面产生的电场。这个模型解释了球状闪电是怎样形成的、如何运动以及能量来源问题。诺贝尔物理学奖获得者 Kapitza[43, 44] 提出了一种影响深远的理论。大气中存在着电磁波，特别是在雷暴天气，电磁波辐射更强。一个电磁共振波在大气中建立，会产生一个准稳态的局部球形等离子体区（球状闪电），而外部电磁微波辐射则可以为这个球形区域的存在提供能量。许多微波等离子体实验都是依据这一模型在实验室人工制造出了等离子体火球。

另一类理论认为，球状闪电的能量来自其自身内部。Abrahamson 和 Dinniss[45] 收集了大量的闪电击中地面后形成的闪电岩溶，在分析后认为，球状闪电是云地闪电击中地面后溅射出来形成的。云地闪电击中地面后，产生的高温使土壤中的 SiO_2 发生化学反应变为 Si，且聚集在一起形成云雾状的球形，即球状闪电。当云地闪电消失后，温度下降，这时纳米级单质硅粒子发生氧化反应，产生热量则能维持球状闪电的生命。另外，他们也认为铜、铝等金属在电弧放电的高温下也有可能形成类似的球状闪电[46]。

为了更深入地探索球状闪电的物理本质，研究者们在实验室也进行了大量的实验研究[47-56]。Ohtsuki 和 Ofuruton 等人[57, 58] 利用微波技术，在金属腔中制造了一个火球，如图 7-3 所示。这个光亮且能运动的等离子体球在特定的微波场中能穿过瓷碟，这与有些自然球状闪电穿过墙体的报道相似。

图 7-3　两种不同形态的等离子体火球

2006 年，Dikhtyar 和 Jerby[59] 设计了一个微波谐振腔，在腔内利用微波电钻去接触硅片，会溅射出一个火球，如图 7-4 所示。这个火球的直径约为 3 cm，颜色由橘黄变为红色。当微波谐振腔一直提供能量时，它会持续存在，但是这个能量消失后，它仅维持了大约 40 ms。他们认为这个火球的产生方式非常类似于 Abrahamson 和 Dinniss[45] 提出的球状闪电的产生方式。但是，如果这个火球要长时间存在，则必须有外界的电磁场不断给它提供能量。他们进一步的研究表明 [60, 61]，这个火球包含的微粒尺寸在 50 nm 量级，密度约为 10^{15} m^{-3}，电子密度约为 3×10^{18} m^{-3}，温度低于 10 000 K，这些特性说明了这个火球是一个尘埃等离子体球。这些实验支持第一种理论，即球状闪电的能量是由外界提供的。

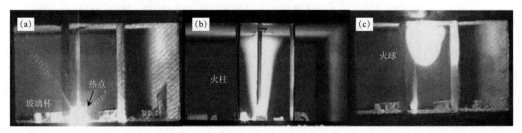

图 7-4　火球在微波谐振腔中产生过程

另外，也有研究者发现，利用电弧对不同材料放电时，会产生类似于球状闪电的火球。2007 年，Paiva 等人 [62] 直接利用高压电极对纯硅片进行电弧放电，也产生了一些发光较亮的火球，如图 7-5 所示。这些火球的一些特性非常类似于自然界的球状闪电。它们的直径在 1 ~ 4 cm 的范围，也具有多样的颜色，且其在没有外界提供能量时也能存在 2 ~ 5 s，这与自然界球状闪电的寿命非常接近。通过理论研究 [63] 得出对于半径为 1.25 cm 的火球，它的总能量为 31.9 J，即能量密度为 3.9 MJ m^{-3}。他们也用其他材料（铝片、铜片、盐水、木头）代替硅片来进行同样的实验，但并是没有产生出火球。

图 7-5　电极对硅片放电产生的火球

紧接着，在 2008 年，Stephan 和 Massey[64] 也通过类似的实验得到了

稍小一点的火球。基于 Planck 辐射理论，他们推测这些火球的温度约为
3 000 K。同时，他们提出了一些新的观点，认为纳米尺度的硅的氧化反
应不是球状闪电的能量来源，而毫米尺度的小液滴硅的氧化反应才是球状
闪电的能量来源。他们的实验支持第二种理论，认为球状闪电的能量是自
身提供的。

　　还存在很多假说和理论，比如将球状闪电想象为黑洞、反物质、暗
物质、磁单极、正电子、高能粒子、核子等[65]，试图来解释球状闪电。
有些科研人员在大型的粒子碰撞机上[66]、核反应场所进行实验，试图寻
找球状闪电的身影。但遗憾的是，目前为止，各种理论和实验都只能解释
自然球状闪电的一部分特征，而且，关于球状闪电的"外部特征"都是来
自目击证人的描述。通过科学仪器记录和研究球状闪电及其物理特性的工
作几乎没有。所以，如果能利用在自然界捕捉到的球状闪电的资料来研究
它的物理特性，对揭开球状闪电之谜将有非常重要的意义。

7.2　自然球状闪电的产生过程

　　观测资料取自于 2012 年夏季在青海高原地区进行的野外雷电光谱观
测实验。实验场所位于青海省西宁市大通县塔尔镇下旧庄村，如图 7-6
所示。该地区雷暴活动主要集中在 6—8 月，且多发生在午后到半夜之间。
实验场所海拔大约为 2 530 m，位于山区，周围被山环绕。高速摄谱仪和
普通摄像仪的拍摄视野为实验场所北面的小山。小山顶高于地面约 200 m。

图 7-6　野外雷电观测实验场所的位置

　　球状闪电产生于一次夜间雷暴过程，发生时间为 7 月 23 日晚上 9 点54 分。普通摄谱仪记录系统为彩色数码相机，以每秒记录 50 张图片的速度连续录像。它记录了球状闪电产生的全过程，包括视频、声音和 82 张彩色图片。球状闪电的整个发光时间为 1.64 s。前两张连续原始图片在图7-7 中给出。第一张图片的左下角记录到云地闪电的一小部分原始通道，但它的光谱被清晰地记录下来。由于所用设备为无狭缝光栅摄谱仪，所以各条谱线的线形即为原始通道的形状。球状闪电产生于云地闪电的下端，它的光谱也被清楚地记录到。第二张图片显示云地闪电消失，只剩下球状闪电。同时球状闪电的光谱依然被清楚地记录到。普通摄谱仪记录的更多的球状闪电图片，经过裁剪处理，如图 7-8 中所示。第一张图片时刻定义为 0 ms，每隔 100 ms 在图片上给出一个时间。

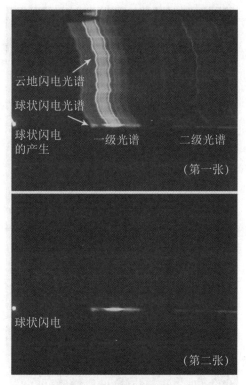

图 7-7　普通摄谱仪拍摄的前两张原始图片

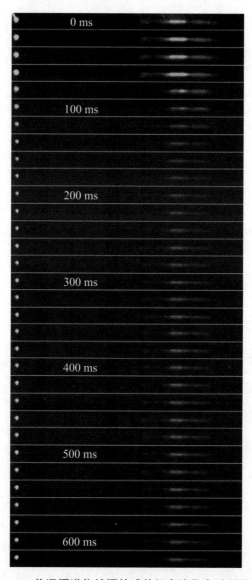

图 7-8 普通摄谱仪拍摄的球状闪电演化全过程图片

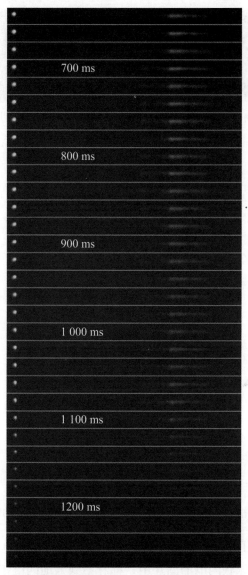

图 7-8 普通摄谱仪拍摄的球状闪电演化全过程图片（续）

高速摄谱仪记录系统为高速动态记录仪，是由人工触发来记录闪电。当时设置拍摄速度为每秒 3 000 张，每触发一次的记录时间为 1.11 s。这个记录时间要小于球状闪电的生命时间 1.64 s，所以高速摄谱仪只记录到球状闪电的后期，记录了 0.78 s，共 2 360 张黑白图片。图 7-9 展示了一张高速摄谱仪记录的球状闪电及其光谱的原始图片。

球状闪电   一级光谱

图 7-9   高速摄谱仪拍摄的球状闪电及其光谱图片

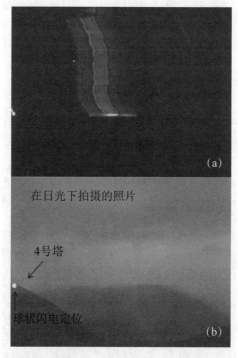

(a)

在日光下拍摄的照片

4号塔

球状闪电定位

(b)

图 7-10   相同视野下的球状闪电图片（a）和白天拍摄的图片（b）

两台摄谱仪的视野范围为一座小山，由于球状闪电发生于夜间，所以在所有记录到球状闪电的图片中，都看不到云地闪电击地点，也就是球状闪电的发生地点。但是这个发生地点可以通过对比白天拍摄的图片来获得。普通摄谱仪在相同的视野下在白天拍摄图片，图片可以将视野内的景物清晰成像。对比晚上拍的球状闪电和白天拍摄的图片，可以获取球状闪电的发生位置，如图 7-10 所示。在图 7-10（b）中可以看到，普通摄谱仪的视野为一座山坡。通过对比球状闪电图片可以知道，球状闪电发生在这座山上。结合当地地形图，图 7-11 给出了实验观测点和球状闪电发生位置。图中两条白线构建的范围为普通摄谱仪的观测视野范围。球状闪电的位置在山上，距离观测点的直线距离约为 0.902 km。同时，由于记录到了这次云地闪电的声音，通过云地闪电的光声差（2.64 s）可以计算出闪电距离观测点的距离为 0.898 ～ 0.9 km，这与通过地图确定的距离是一致的。

图 7-11　球状闪电发生地点地貌图

7.3　自然球状闪电的原子光谱和分析

普通摄谱仪拍摄的 8 张不同时刻的图片，经过放大后，在图 7-12 中给出。可以看出，球状闪电的颜色是随时间变化的。结合图 7–8 可以看出，0 ms 时刻，云地闪电击中地面形成球状闪电，它的颜色是强烈的紫白色，之后一直保持这一颜色。直到 80 ms 时刻，它的颜色变为橘色，并保持到 140 ms。在 160 ms 时刻，球状闪电的颜色变为白色，并且保持白色到 1 100 ms。在 1 120 ms 时刻后，它变为红色直到消失。从图 7–8 中也可以知道，球状闪电颜色的变化与其光谱变化是一致的。0 ~ 60 ms 期间，波长较短的紫蓝色波段谱线很强，所以整体呈紫白色。80 ~ 140 ms 阶段，紫蓝色波段谱线变得较弱，而绿色和红色波段较强，所以呈橘色。160 ~ 1 100 ms 阶段，紫蓝色、绿色、红色波段分布得比较均衡，所以呈中性，近白色。1 100 ms 之后，紫蓝色波段谱线几乎消失，只剩下波长较长的红色波段，所以呈红色。

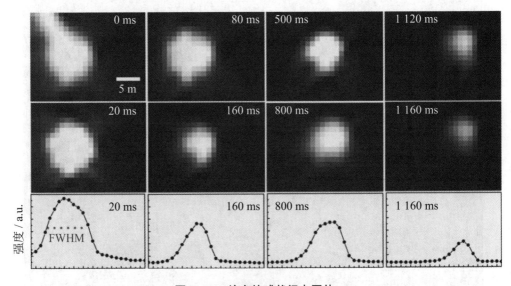

图 7–12　放大的球状闪电图片

图 7–12 第三行中给出了球状闪电在 20 ms、160 ms、800 ms 和 1 160 ms 时的发光强度分布图。纵坐标表示光强，横坐标表示像素，发光强度分布图给出了原始图中每一列像素的光强和。图中 FWHM 为半高全宽，这里用它来表示球状闪电的可视直径。此时可视直径的单位依然为像素，为了给出它的真实值，必须知道球状闪电图片中一个像素的真实大小。

数码摄像机的成像原理如图 7–13 所示。这里普通摄谱仪拍摄焦距为 3.3 mm，相机的像素为 4×4 μm 正方形，球状闪电到相机的距离为 0.902 km，由此可以得到图片中一个像素的实际大小 X。这里可以得出图片中一个像素的边长对应的实际大小为 1.1 m。可视直径的真实大小即可由它得出。这里的可视直径可认为是球状闪电的发光范围，但并不是球状闪电的真实直径，下面通过实验来验证这一结论。

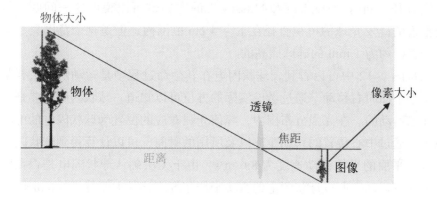

图 7-13　相机的成像原理

用一个圆形的 60 W 灯泡作为发光光源，它的真实直径为 4.5 cm，如图 7-14（a）所示。图 7-14（b）给出了用普通摄谱仪拍摄的灯泡发光图片。光源距离相机 29 m，同时也记录到一个窗户，窗户的真实测量宽度为 2.15 m。窗户到相机的距离也是 29 m，在此距离下，图片中每个像素对应的实际大小为 0.035 2 m，而窗户的宽度在图片中占据了 60 个像素，可以计算出窗户的宽度为 2.11 m，这与它的测量宽度（2.15 m）是非常接近的。由此可知，这种计算方法是正确的。

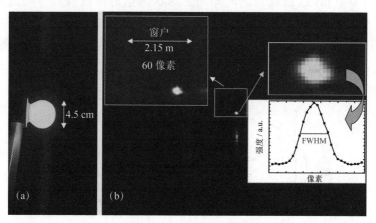

图 7-14　普通摄像机拍摄发光灯泡的图片

图 7-14（b）中也给出了灯泡发光强度分布图以及 FWHM。FWHM

的像素值为 7.15，也就是它占据了 7.15 个像素，那么可以计算出可视直径为 25.1 cm（7.15×0.0352 m）。但是灯泡的真实测量直径为 4.5 cm，远小于通过光强计算出来的可视直径。这也就证实了可视直径并不是光源的真实直径。同时，Stephan 和 Massey[64] 的实验也可以说明这一问题。他们报道的硅发光球的可视直径在 1 ~ 4 cm 范围内，但是这个范围只是由一个直径约为 1 mm 的硅球照亮的。

从图 7-12 中可以看到，球状闪电在其生命过程中是运动的，主要是在水平平面向右移动。通过考虑实际的方位可以知道，球状闪电主要是从西往东运动的。在光强分布图中，峰值光强对应的位置为球状闪电的中心位置，通过中心位置的移动距离以及所用的时间，可以计算得到球状闪电在水平平面的平均运动速度为 8.6 m/s。由于无法确认球状闪电是否在竖直平面有运动，所以球状闪电的真实平均速度应该是大于等于 8.6 m/s。

从图 7-12 中也可以看出，球状闪电的光强和可视直径也是随时间变化的。在图 7-12 光强分布图中，球状闪电发光的总强度为曲线下的面积，峰值强度均为纵坐标对应的最大值。

图 7-15 给出了球状闪电可视直径、发光峰值强度和总强度的演化过程。从这 3 个参量的变化可以看出，球状闪电的演化过程可以分为 3 个阶段：形成阶段（Ⅰ：0 ~ 160 ms）、稳定阶段（Ⅱ：160 ~ 1 080 ms）、消失阶段（Ⅲ：1 080 ~ 1 640 ms）。在前 160 ms，可视直径、峰值强度和总强度都迅速地减小，除了在 20 ~ 60 ms 时间段略微上升。之后，从 160 ~ 1 080 ms 这段较长的时间内，球状闪电的可视直径、峰值发光强度和总强度几乎保持稳定。并且可视直径几乎维持在 5 m 左右。目击者们看到的球状闪电大多数应该处于这个阶段。在最后的 560 ms 内，可视直径、峰值发光强度和总强度开始减弱，直到球状闪电消失。总的来说，球状闪电的颜色、尺寸和光强在其生命的大多数时间内是稳定的。

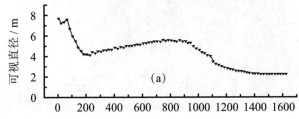

图 7-15　球状闪电可视直径（a）、发光峰值强度（b）、总强度（c）的变化

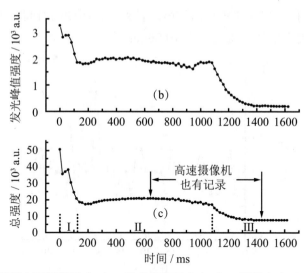

图 7-15　球状闪电可视直径（a）、发光峰值强度（b）、总强度（c）的变化（续）

　　高速摄谱仪只记录到球状闪电的后期过程（642～1 440 ms），包括稳定阶段的后一半和消失阶段，共记录到 2 360 张图片。图 7-16 给出了高速摄谱仪记录的球状闪电的发光总强度的变化。可以看到发光总强度在 642～1 080 ms 内（稳定阶段）呈周期性变化，但总体几乎是保持稳定的。这个变化类似于螺丝上的螺纹走向。大致可以看出，每个周期时间是一样的。大约在 900 ms 时刻之前，每个周期光强的幅值基本不变；之后，光强周期的幅值开始减弱，但周期时间不变。直到 1 080 ms 后（消失阶段），光强不再周期性变化，并开始逐步单调减弱。

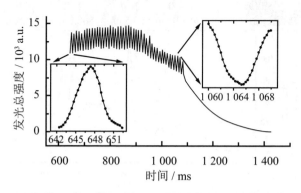

图 7-16　高速摄谱仪记录到球状闪电总光强的变化

　　图 7-16 中的两个小图显示了两个周期的光强图，这两个周期的时间均为 10 ms。在 642～1 080 ms 这段时间内，共记录到约 43 个周期，每

个周期的时间在图 7-17 中给出。可以看到每个周期的时间在 10 ms 左右。图中横线代表周期的平均值，为 10.06 ms。

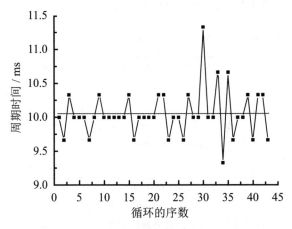

图 7-17 光强周期时间统计

为了更深入地研究球状闪电的光谱特性，通过光谱分析，将原始光谱图片转换为用谱线波长和光强表示的光谱图。转换方法如图 7-18 所示。

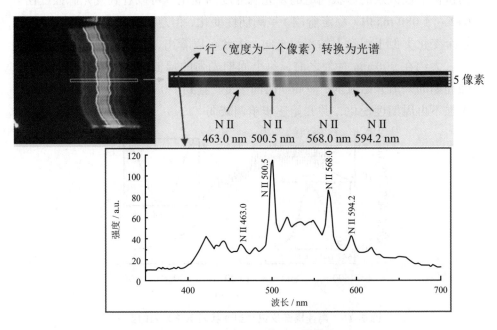

图 7-18 原始光谱图片的定量转换

普通摄谱仪的首张图片记录到云地闪电以及它产生的球状闪电的光

谱。图 7-19 给出了此时刻下云地闪电和球状闪电的光谱，横坐标表示波长，纵坐标表示光强度。可以看出，产生球状闪电的云地闪电光谱和其他普通闪电回击的光谱是一致的 [67, 68]。由于云地闪电回击通道的温度高达 30 000 K，所以在其光谱中主要观测到氮离子线（N II）。球状闪电在此时的光谱与云地闪电光谱相比，发生了很大的变化。它的光谱中出现了硅、铁和钙的原子谱线，而氮离子线相对强度很弱，甚至一部分云地闪电中的氮离子线并没有出现在球状闪电的光谱中。这说明，球状闪电的元素成分与云地闪电是不一样的。

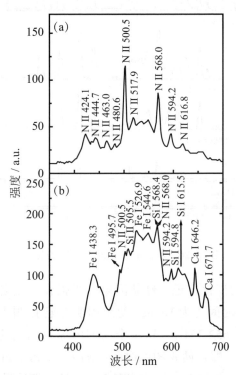

图 7-19　云地闪电（a）和球状闪电（b）在 0 ms 时刻的光谱

高速摄谱仪记录到的球状闪电光谱时间分辨更高、范围更宽、光谱分辨率更好。球状闪电发展过程中，5 张不同时刻的光谱在图 7-20 中给出。高速摄谱仪拍摄的光谱范围要比普通摄谱仪的光谱范围宽，它能够记录到近红外区域（700 ~ 1 000 nm）。在 647.684 ms 时刻的光谱中，标出了记录到的各条光谱线。在可见区域（400 ~ 700 nm），谱线为硅、铁和钙的原子线；在近红外区域，则为氮和氧的原子线。结合球状闪电的发展过程，从图 7-20 中不同时刻的光谱可知，在球状闪电大多数的生命周期中，硅、铁和钙的原子线都一直存在。硅线 Si I 594.2 nm 甚至在消失阶段都可以被清晰地观测到。

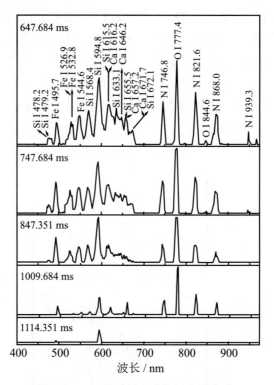

图 7-20　不同时刻下球状闪电的光谱

从前面光强的变化知道，球状闪电的光强在稳定阶段是周期性变化的。平均每个周期时间约为 10 ms，每个周期内记录到图片 30 张。图 7-21 给出了 642.351 ～ 652.351 ms 这一个周期内球状闪电的光谱。这里隔张给出 15 张光谱图，即每两张图的时间间隔为 0.666 7 ms。这一周期内，可见区域的 Si I，Fe I 和 Ca I 线一直存在，而且它们的强度几乎保持不变。但是近红外区域的 N I 和 O I 线并不是一直存在的。

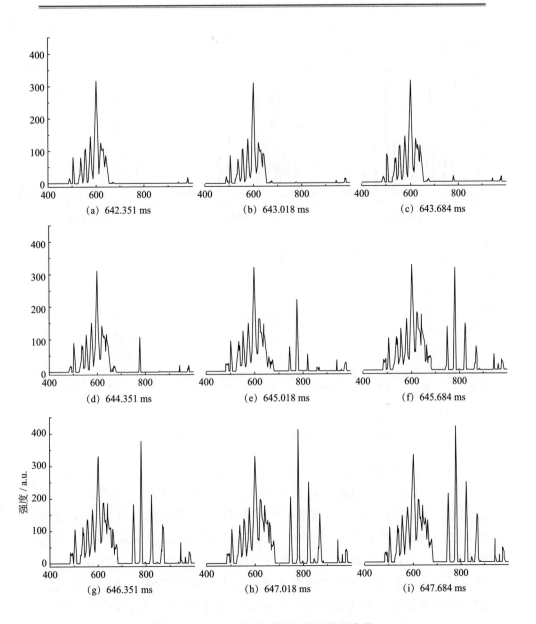

图 7-21　一个周期内球状闪电光谱的变化

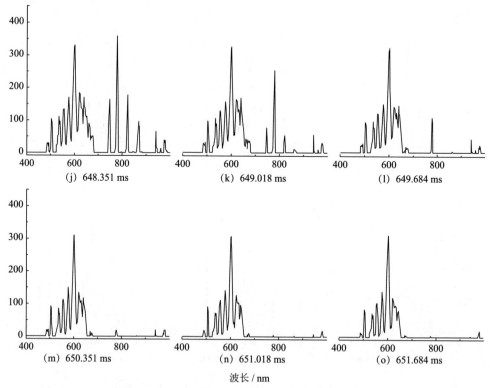

图 7-21　一个周期内球状闪电光谱的变化（续）

　　结合光强在这一周期的变化（图 7-16 中插入图）可知，开始时，
N I 和 O I 线并没有出现，随着光强的增大，它们才开始逐渐出现。并
且它们不是同时出现，而是按一定的顺序逐渐出现的。首先出现的是
O I 777.4 nm，然后才出现 N I 742.6 nm、821.6 nm 和 868.0 nm。谱线
O I 777.4 nm 首先出现，与它的激发能较低有一定的关系。这些原子线刚
出现时，强度较弱，之后强度开始逐渐增大。在 647.684 ms 这一时刻，
它们的强度达到了最大值，而恰好这一时刻也是球状闪电光强最大的时
刻。之后，N I 和 O I 线强度开始减弱并逐渐消失。谱线的消失顺序与它
们的出现顺序相反。当光强到达较小值时（651.684 ms），近红外区域的
N I 和 O I 线消失不见。进一步分析其他周期内光谱的变化可知，球状闪
电在稳定阶段的每一个光强周期内，光谱变化都呈现出这样的规律。

　　总的来说，球状闪电在其形成阶段，就能观测到硅、铁和钙的原子线。
在稳定阶段，硅、铁和钙的原子线一直存在且它们的强度基本保持不变，而氮和氧的原子线则是随着光强周期性出现。在消失阶段，只有硅的原子线依然能够观测到，其他谱线全部消失。

表 7-1 列出了云地闪电和球状闪电光谱中的各条谱线以及它们的激发能[69]。云地闪电回击通道温度较高，近 30 000 K，其光谱中出现的主要是激发能较高的氮离子线。一般，云地闪电先导通道的温度要低于回击通道的温度，在 15 000 ~ 30 000 K 的范围内[70]。其光谱中，氮和氧的原子线，甚至氮离子线都能被持久观测到[71]。这里球状闪电的光谱中，在可见区域，激发能较小的 Si I、Fe I 和 Ca I 原子线一直存在。而在近红外区域，激发能稍大的 N I 和 O I 原子线则周期性出现。由此可以判定，球状闪电的温度要比云地闪电回击通道的温度低很多，且要低于云地闪电先导的温度。

球状闪电在其生命过程中，颜色是变化的，颜色的变化在一定程度上可以反映出球状闪电温度的变化。维恩定理[72-74]指出，物体温度较高时，发射出波长较短的谱线，而温度较低时，辐射出波长较长的谱线。球状闪电在 80 ms 时，由紫色变为橘色，说明它的温度降低了。在稳定阶段，球状闪电的颜色几乎保持不变，也说明它的温度比较稳定。在消失阶段，它的颜色变为红色，更说明此时的温度较低。

表 7-1　云地闪电和球状闪电谱线及相应的激发能

波长 /nm	激发能 /eV	波长 /nm	激发能 /eV
N II 444.7	23.196	Si I 478.2	7.545
N II 463.0	21.159	Si I 479.2	7.540
N II 480.6	23.246	Si I 568.4	7.134
N II 500.5	23.141	Si I 594.8	7.166
N II 517.9	30.138	Si I 633.1	7.039
N II 568.0	20.665	Si I 655.5	7.874
N II 594.2	23.239	Si I 672.1	7.706
N II 616.8	25.151	Fe I 495.7	5.308
N I 746.8	11.995	Fe I 526.9	3.211
O I 777.4	10.740	Fe I 532.8	3.240
N I 821.6	11.844	Fe I 544.6	3.265
O I 844.6	10.988	Ca I 616.2	3.910
N I 868.0	11.763	Ca I 646.2	4.440
—	—	Ca I 657.2	1.885
—	—	Ca I 671.7	4.554

球状闪电颜色的变化也是由其光谱的变化引起的。在 0 ~ 60 ms 期间，波长较短的紫蓝色波段，相比于其他时间，谱线强度是最大的，说明此时球状闪电的温度最高。80 ~ 140 ms 阶段，紫蓝色波段谱线变得较弱，温度降低。160 ~ 1080 ms 阶段，紫蓝色波段谱线强度相比于 80 ~ 140 ms 阶段增强了，说明温度又增加了。1 100 ms 之后，紫蓝色波段谱线几乎消失，只剩下波长较长的红色波段，说明此时球状闪电的温度低于前面任何阶段。

在这次自然球状闪电的观测中，球状闪电出现在云地闪电的底部，同时球状闪电的光谱中可以观测到硅、铁和钙元素。硅、铁和钙是土壤的主要成分。为此，我们在球状闪电发生的位置处取土样本，以分析它的主要成分及各元素所占的百分比。通过 X 射线荧光光谱分析（XRF），我们获得了土壤元素的种类以及它们的含量，结果如表 7-2 所示。

表 7-2　土壤中元素成分及含量

元素	存在形式	含量 /%
Si	SiO_2	57.886
Al	Al_2O_3	13.765
Ca	CaO	10.829
Fe	Fe_2O_3	5.918
Na	Na_2O	3.686
Mg	MgO	3.048
K	K_2O	2.678
S	SO_3	1.037
Ti	TiO_2	0.723
P	P_2O_5	0.178
Mn	MnO	0.086
Cr	Cr_2O_3	0.047
Sr	SrO	0.029
Zr	ZrO_2	0.027
Ba	BaO	0.023
Rb	Rb_2O	0.015
Zn	ZnO	0.009
其他	—	0.016

从表 7-2 中看出，硅是球状闪电发生位置处土壤中含量最多的元素，

几乎占 60 %。在球状闪电的光谱中，硅的谱线从球状闪电产生到消失阶段是一直存在的，也验证了球状闪电的产生与土壤中的硅有很大的联系。此外，铝、钙和铁是土壤中含量较大的元素。而在球状闪电光谱中，也观测到了钙和铁的原子线。

铝元素含量为 13.765 %，要高于钙和铁的含量，但球状闪电的光谱中并没有观测到它的谱线。这是因为两台摄谱仪记录到的光谱范围分别为 400 ~ 690 nm 和 400 ~ 1000 nm，而在 400 ~ 1 000 nm 之间，并没有强且持久的铝原子线 [69, 75]。只有较强的铝离子线出现在可见区域（400 ~ 700 nm），分别为 Al II 466.3、466.6、559.3、600.6、607.3、618.3、620.1、624.3 和 633.5 nm，它们的激发能在表 7–3 中给出。可以看出，它们的激发能在 13.256 eV 以上。在球状闪电光谱中，近红外区域的 N I 和 O I 线激发能最大的为 11.9 eV。这些线是周期性出现的，也说明谱线如果能持久出现在球状闪电的光谱中，其激发能必须要小于近红外区域 N I 和 O I 线的激发能。因为 Al II 线最小的激发能都要大于 11.9 eV，所以在球状闪电的光谱中观测不到铝的谱线。另外，铝有一条强的持久线，Al I 396.152 nm，它的激发能较小。如果光谱仪记录的光谱波段往前延伸至 390 nm，球状闪电的光谱中应该能观测到这条铝原子线 [76]。

表 7–3 铝离子线的激发能

波长 /nm	激发能 /eV
Al II 466.3	13.256
Al II 466.6	18.261
Al II 559.3	15.472
Al II 600.6	17.651
Al II 607.3	17.628
Al II 618.3	17.307
Al II 620.1	17.307
Al II 624.3	15.062
Al II 633.5	15.605

一般云地闪电发生时，其梯级先导在接近地面时，地面会有大约长几十米的上迎先导与之连接，之后沿着这个通道进行放电。因此，普通的云地闪电是不会直接击中地面的。而文中球状闪电是由云地闪电击中地面产生的，这应该与雷暴云强弱、地貌、地理环境等因素有很大的关系。球状闪电发生当晚，雷暴云很强，在观测地点上空持续 4 个小时之多。高原

地区雷暴云层离地面较近，同时地面是小山坡，只有一些矮小灌木生长，而高压输电线装有避雷装置，这些条件可能构成了云地闪电直接击中山坡地面的结果[77, 78]。

7.4 自然球状闪电的温度特性

通过对球状闪电谱线的拟合，结合谱线波长及强度，可以获得不同时刻球状闪电的温度，图 7-22 展示了球状闪电的温度随时间的演化特性。可以发现，球状闪电在 0 ~ 100 ms，温度下降；在 100 ~ 240 ms，温度有上升的幅度；在之后的很长时间，温度维持在 5 200 K；在 1 080 ms后，球状闪电的温度呈下降趋势。温度随时间的演化特性与球状闪电的颜色变化及谱线强度变化相一致。由于球闪产生于云地闪通道底部，起初呈紫色，温度较高，随后球闪变为橙色，相对强度在该阶段呈下降趋势。在160 ~ 1 100 ms 阶段，颜色和相对强度均没有明显的变化，这个阶段温度基本也保持不变。在消失阶段，球状闪电呈红色，其辐射强度逐渐减弱，符合维恩定律，高温物体发射波长较短的谱线，低温物体发射波长较长的谱线。

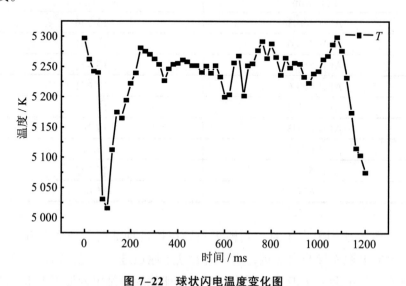

图 7-22 球状闪电温度变化图

与普通云地闪的先导温度及回击通道的温度值相比[79]，球状闪电的温度要低很多。从光谱成分中也可以看出，普通闪电光谱成分主要是激发能较高的离子线，而球状闪电的光谱主要是激发能较低的土壤原子谱线。

　　为进一步研究球状闪电的温度变化，利用特征谱线计算了球状闪电稳定期的温度变化，利用同种元素的不同波长原子谱线的相关参量求球状闪电后的温度，如图 7-23 所示。本工作选取 Fe I 495.7 nm 和 Fe I 544.6 nm 两条谱线进行计算。在球状闪电的稳定阶段，温度维持在 4 500 K 左右，且长时间保持不变，与球状闪电的辐射强度、颜色及表观直径的大小一致。

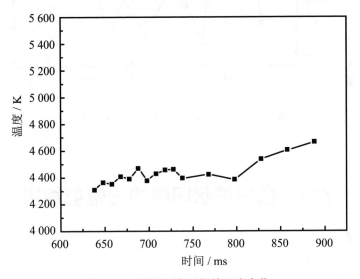

图 7-23　球状闪电后期的温度变化

　　图 7-24 给出了一个周期内温度的变化情况。在一个周期内温度没有太大的浮动，温度差在 100° 以内。可见，温度和发光强度呈现一个正相关的关系。

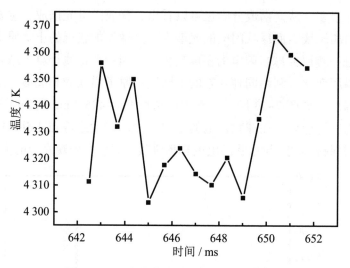

图 7-24　一个周期内球状闪电的温度变化

7.5　自然球状闪电的光辐射能量

　　在空气传输中，波长不同的光线在空气中传输时所受到的阻碍不同。数据分析时，利用 Photoshop 软件，将记录到的彩色照片转换成灰度照片，并用 Matlab 软件来获得记录图片上每个像素点的灰度值。光谱分析中，常利用光谱强度曲线的半高全宽（FWHM）来表示光源的表观直径[80, 81]。光源的相对强度，即图像中光点的亮度，被定义为有效发光范围内所有像素的灰度值的总和。其中，图像中光斑像素灰度值曲线的半高宽（FWHM）用于表示光源的有效发光范围。具体做法如下：①逐行记录图片光斑上全部点的灰度值数据；②与图 7-25 所表示的情况一样，对于每一行像素点，我们以像素点的灰度值为纵坐标来绘制其分布曲线；③考虑光晕现象和饱和像素的影响，将曲线的半高宽作为有效发光范围，并累积 FWHM 中所有像素的灰度值；④将所有行的值相加作为图像的相对强度；⑤在实验中，在每个距离处拍摄 10 张照片作为光源，并将图像相对强度的平均值作为相应距离处光源的相对强度。

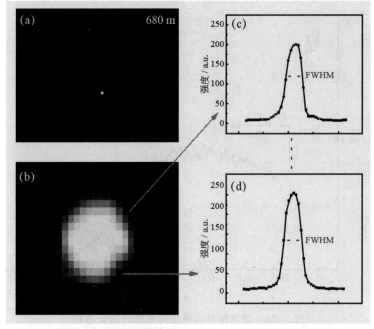

（a）在距 2 000 W 金属卤化物灯 680 m 处拍摄的数字图像；
（b）在 680 m 处的 2 000 W 金属卤化物灯放大 3200 倍的图像，每个
方形对应一个像素；（c）（d）对应于两行像素的灰度值曲线
图 7-25　在距 2000 W 金属卤化物灯 680 米处拍摄的数字图像、放大 3200 倍的图像
以及对应于两行像素的灰度值曲线

图 7-26 是用图像灰度值表示的自然球状闪电的相对光强随时间的演化过程，将本次球状闪电的演化过程分为 3 个阶段[78]：初始阶段 Ⅰ（0 ~ 160 ms），中间阶段 Ⅱ（160 ~ 1 080 ms），结束阶段 Ⅲ（1 080 ~ 1 640 ms）。可以看到，在前 160 ms 的初始阶段，相对强度除去在 20 ~ 60 ms 范围内有回升之外，其他时刻的自然球状闪电的相对光强都呈现下降趋势。在 160 ~ 1 080 ms 的中间阶段，球状闪电的相对光强近似保持不变状态。在其发光的末期，球状闪电的相对光强开始减弱，最终球状闪电发光结束。整体来看，球状闪电的相对光强在其发光的过程中是近似恒定的。

图 7-27 分别给出了利用数码相机拍摄到的 1 000 W 和 2 000 W 金卤灯在不同距离处的发光图片，图中右上角数字表示其拍摄距离。

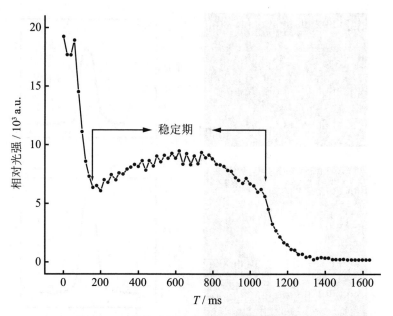

图7-26　自然球状闪电相对光强的演化过程

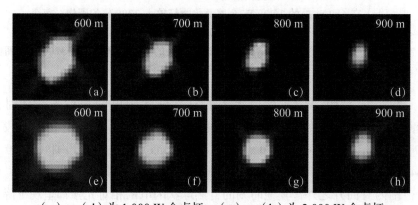

（a）～（d）为1 000 W金卤灯；（e）～（h）为2 000 W金卤灯

图7-27　两款金卤灯的原始图片

依据观测的光斑亮度可以得到两款金卤灯的相对光强随传播距离衰减的规律，优化后，1 000 W金卤灯的拟合结果为

$$I_x = 6\ 367\ 646 e^{-\frac{0.08648x}{0.01057x+0.88}}。\qquad (7-1)$$

拟合相关度为R^2=0.975。2 000 W金卤灯的拟合结果为

$$I_x = 7\ 566\ 886\mathrm{e}^{\dfrac{0.08648x}{0.01057x+0.88}} \text{。} \tag{7-2}$$

拟合相关度为 $R^2=0.968$。图 7-28 同时给出了 1 000 W 和 2 000 W 金卤灯的相对光强随距离衰减的曲线。可以看到，光学图片上显示的光斑亮度随拍摄距离的衰减规律基本一致，即在 10 ~ 100 m 距离内急速衰减，之后缓慢衰减，直到整个发光过程结束。

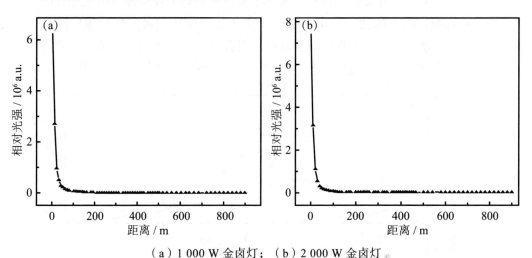

（a）1 000 W 金卤灯；（b）2 000 W 金卤灯

图 7-28　两款金卤灯的相对光强随距离的衰减曲线

图 7-29 分别给出了 1 000 W 和 2 000 W 金卤灯的相对光强的对数值随距离衰减的变化。

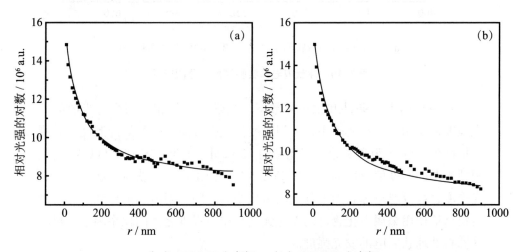

（a）1 000 W 金卤灯；（b）2 000 W 金卤灯

图 7-29　两款金卤灯的相对光强的对数随距离的衰减曲线

球状闪电距离观测点约为 0.902 km。为获取球状闪电的发光强度，需要考虑传播路径上光强的衰减。通常而言，发光强度在空气中的衰减与传播距离、大气条件，特别是波长有关。稳定阶段的球状闪电和 2000 W 模拟光源的光谱图如图 7–30 所示。可以看到，模拟光源和球状闪电的光辐射都主要集中在 400 ～ 690 nm 波长范围内。同时，二者波长的强线分布比较接近，因此我们可以近似采用金属卤化物灯来模拟球状闪电相对强度的衰减。综上所述，利用 902 m 处彩色数码相机记录的球状闪电图像的相对强度，并结合金属卤化物灯的相对强度在空气中的衰减情况，通过 Matlab 程序的分析，近似估算了球状闪电在不同时刻光源处的相对强度。

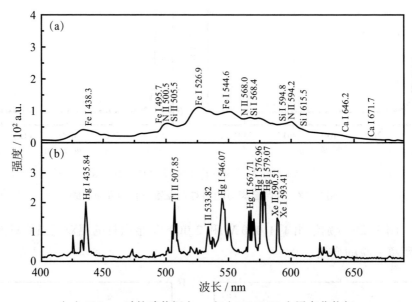

（a）500 ms 时的球状闪电；（b）2 000 W 金属卤化物灯

图 7–30　球状闪电和实验模拟光源的光谱

在一定的大气条件和拍摄参数下，光学图像的相对强度与光源的发光强度密切相关。在实验中，使用照度计获得金属卤化物灯的照度，其测量精度为 ±4%。距离实验模拟光源约 10 m 处，1 000 W 和 2 000 W 实验模拟光源的照度值分别为 195 lx 和 275 lx。为了进一步获得球状闪电的发光强度，可以忽略球状闪电与金属卤化物灯之间辐射波长的详细差异，然后粗略地使用金属卤化物灯的发光强度与相对强度之间的比率因子来粗略估算自然球状闪电的发光强度。

基于球状闪电的发光强度，球状闪电的光通量可由转换关系获得。表

7-4 第二列列出了不同时间下球状闪电的发光强度，第三列列出了其光通量值。其中，A 和 B 分别表示用 1 000 W 和 2 000 W 实验模拟光源的比例因子计算的结果。可以看出，两种模拟光源的计算结果略有不同，这可能与观测误差及相应的估计方法有关，但是两个光源获得的数据的数量级是一致的，其中发光强度和光通量的平均相对差分别为 17.1% 和 18.4%。

表 7-4　两款实验模拟光源计算的球状闪电在不同时刻的发光强度和光通量

时间 /ms	发光强度 /10^5cd		光通量 /10^6lm	
	A	B	A	B
0	1.05	1.24	1.32	1.57
20	0.97	1.15	1.22	1.45
40	0.99	1.17	1.24	1.47
60	1.03	1.23	1.30	1.54
80	0.80	0.94	0.99	1.19
100	0.61	0.72	0.77	0.91
120	0.47	0.56	0.59	0.70
140	0.40	0.48	0.50	0.60
160	0.35	0.41	0.44	0.52
180	0.36	0.42	0.45	0.53
200	0.33	0.40	0.42	0.50
300	0.41	0.50	0.52	0.62
400	0.45	0.53	0.56	0.67
500	0.49	0.59	0.62	0.74
600	0.49	0.58	0.61	0.73
700	0.49	0.59	0.62	0.74
800	0.48	0.57	0.61	0.71
900	0.42	0.50	0.53	0.63
1 000	0.37	0.44	0.46	0.55
1 100	0.24	0.29	0.31	0.37
1 200	0.08	0.09	0.12	0.18

图 7-31 是球状闪电的发光强度随时间的变化。可以看到，利用两个金属卤化物灯的观测数据计算的球状闪电的发光强度的变化趋势大致相同。表 7-4 是通过两款实验模拟光源计算的球状闪电在不同时刻的发光强度和光通量，可以看出，球状闪电的发光强度在 0 ms 达

到最大值 10^5 cd，然后在稳定阶段（160 ～ 1 080 ms）降低并维持在 10^4 cd 数量级左右，1 200 ms 后发光强度下降到 10^3 cd，直至完成整个发光过程。可以看出球状闪电的光通量和发光强度呈现正相关，其最大值出现在初始时刻，为 1.57×10^6 lm，稳定期间光通量的数量级达到 10^5 lm。与实验模拟光源相比，球状闪电在其寿命初期的发光强度分别是 1 000 W 和 2 000 W 实验模拟光源的 5.3 倍和 4.5 倍，在稳定阶段的发光强度分别是 1 000 W 和 2 000 W 实验模拟光源的 2.5 倍和 2.1 倍。目前，还没有关于天然球状闪电发光强度和光通量的定量数据。大多数的报道来自目击者的描述，这些描述将球状闪电形容为明亮得足以在白天清晰可见。有报道称球状闪电的发光度与一个 200 W 灯相似 [82]。为了验证试验结果的准确性，本研究还利用 500 W 的白炽灯和碘钨灯进行模拟观测，但是两款灯在 900 m 处光线太弱，因此数码相机无法记录相关图片。

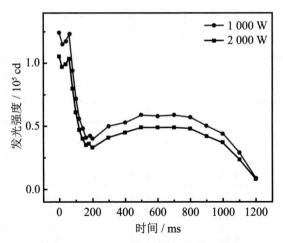

图 7-31　球状闪电的发光强度随时间变化

不同时刻的自然球状闪电的光学图像由两台无缝隙光栅摄谱仪获得。自然球状闪电的光通量分布可由每次对应的光谱得到。图 7-32 给出了自然球状闪电在不同时刻的光谱图。依据光谱图，结合人眼所观测到的光通量转换到光辐射通量的公式，可以获得每个波长的光所对应的光辐射通量值，然后对所有波长的光辐射通量求和，以获得自然球状闪电的总的光辐射通量。

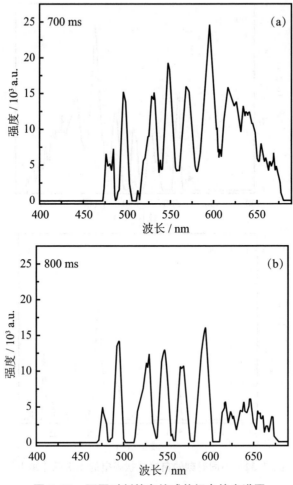

图 7-32　不同时刻的自然球状闪电的光谱图

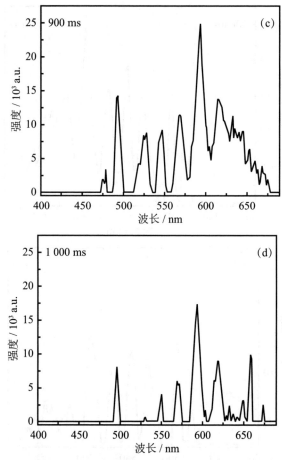

图 7-32   不同时刻的自然球状闪电的光谱图（续）

表 7-5 列出了球状闪电的光辐射通量，可以看出，自然球状闪电的光辐射通量在稳定阶段保持 10^3 W 数量级，其平均值约为 3.7×10^3 W。自然球状闪电在稳定阶段有一个约 10 ms 的变化周期。表 7-5 列出的球状闪电的光辐射通量均为周期内的最大值。

表 7-5   球状闪电在不同时刻的光辐射通量

时间 /ms	光辐射通量 /10^3W	
	A	B
700	3.6	4.2
800	3.3	4.0
900	2.9	3.6
1 000	2.6	3.1

　　比较球状闪电与自然闪电回击通道的光谱结构，可以看出球状闪电在
400～690 nm 波长范围内的光辐射主要是中性原子，如 N 原子、Si 原子
和 Fe 原子，其激发能量约为 10 eV 左右。然而，闪电回击通道光谱中有
许多离子线，如 N 离子、O 离子，其激发能量约为 20 eV。因此，从光谱
特性来看，球状闪电的光辐射通量应低于单位长度的云地闪电回击能量。
本研究中自然球状闪电的发光时间长达 1.64 s，因此粗略地按照球状闪电
稳定阶段的光辐射通量计算，其能量可以达到 10^3 J。但是，由于球形光
源与自然球状闪电之间的模拟环境和辐射成分的差异，本研究的模拟结果
存在一定的偏差。

　　许多自然光源的能量无法在近距离测量，而光学和光谱观测是诊断长
距离辐射源特性的有效方法。考虑到传输路径上的光谱结构和光强衰减，
本研究还提供了一种估计自然发光物体光辐射通量的半经验方法。

　　总体来说，目击者描述的球状闪电特征是多种多样的，同时也有很
多机制来解释球状闪电。虽然本研究观测的自然球状闪电能够满足大部分
目击者描述的特点，但是也有一些目击情况与本观测是不一样的，比如晴
天出现球状闪电、飞机舱内出现球状闪电等。这些让我们有理由推测，本
研究观测到的球状闪电是一种较常见的球状闪电，但也不排除存在其他类
型的球状闪电的可能。

参考文献

[1] SINGER S. The unsolved problem of ball lightning[J].Nature，
1963，198：745.

[2] UMAN M A. Some comments on ball lightning[J].J. Atoms. Terr.
Phys.，1968，30：1245.

[3] ASHBY D E T F，WHITEHEAD C. Is ball lightning caused by
antimatter meteorites?[J].Nature，1971，230：180.

[4] ERIKSSON A J. Video tape recording of a possible ball lightning
event[J].Nature，1977，268：35.

[5] BARRY J D. On the energy density and forms of ball lightning[J].J.
Geophys. Res.，1980，85：4111.

[6] DIJKHUIS G C. A model for ball lightning[J].Nature, 1980, 284: 150.

[7] CHARMAN W N. Ball lightning: the unsolved problem[J]. Weather, 1982, 37: 66.

[8] SMIRNOV B M. The properties and the nature of ball lightning[J]. Phys. Rep., 1987, 152: 177.

[9] ZHENG X H.Quantitative analysis for ball lightning[J].Phys. Lett., 1990, 148: 463.

[10] MESENYASHIN A I. Electrostatic and bubble nature of ball lightning[J].Appl. Phys. Lett., 1991, 58: 2713.

[11] HANDEL P H, LEITNER J.Development of the maser-caviton ball lightning theory[J].J. Geophys. Res., 1994, 99: 10689.

[12] SANDULOVICIU M, LOZNEANU E.Ball lightning as a self-organization phenomenon[J].J. Geophys. Res., 2000, 105: 4719.

[13] GILMAN J J. Cohesion in ball lightning and cook plasmas[J].AIP Conf. Proc., 2004, 706: 1257.

[14] MESHCHERYAKOV O. Ball lightning-aerosol electrochemical power source or a cloud of batteries[J].Nano. Res. Lett., 2007, 2: 319.

[15] STEPHAN K D, BUNNELL J, KLIER J, et al. Quantitative intensity and location measurements of an intense long-duration luminous object near Marfa, Texas[J].J Atmos. Sol. Terr. Phys., 2011, 73: 1953.

[16] TURNER D J. Ball lightning and other meteorological phenomena [J]. Phys. Rep., 1998, 293: 2.

[17] GOLD E. Thunderbolts: the electric phenomena of thunderstorms [J]. Nature, 1952, 169: 561.

[18] SILBERG P A. On the question of ball lightning[J].J. Appl. Phys., 1961, 32: 30.

[19] SINGER S. The nature of ball lightning[M].New York: Plenum Press, 1971.

[20] SMIRNOV B M. Observational properties of ball lightning[J].Sov. Phys. Usp., 1992, 35: 650.

[21] STENHOFF M. Ball lightning: an unsolved problem in atmospheric physics[M].New York: Plenum Publishers, 1999.

[22] SMIRNOV B M，STRIZHEV A J.Analysis of observational ball lightning by correlation methods[J].Phys. Scr.，1994，50：606.

[23] ABRAHAMSON J，BYCHKOV AV，BYCHKOV V L.Recently reported sightings of ball lightning：observations collected by correspondence and Russian and Ukrainian sightings[J].Phil. Trans. R. Soc.，2002，360：11.

[24] BYCHKOV A V，BYCHKOV V L，ABRAHAMSON J.On the energy characteristics of ball lightning[J].Phil. Trans. R. Soc. Lond.，2002，360：97.

[25] HUGHES S. Green fireballs and ball lightning[J].Proc. R. Soc.，2010，467：1427.

[26] STEPHAN K D. Implications of the visual appearance of ball lightning for luminosity mechanisms[J].J. Atmos. Sol. Terr. Phys.，2012，89：120.

[27] 郄秀书，张其林，袁铁，等 . 雷电物理学 [M]. 北京：科学出版社，2013.

[28] RAKOV V A，UMAN M A，Lightning：physics and effects[M].Cambridge：Cambridge Univeristy Press，2003.

[29] BYCHKOV V L，SMIRNOV B M，STRIDJEV A J. Analysis of the Russian-Austrian ball lightning sata banks. J. Meteorol.，1993，18：113.

[30] MCNALLY J R. Preliminary report on ball lightning[M].State of Tennessee：Oak.Ridge.Natl. Lab，1966.

[31] UMAN M A，HELSTROM C W. A theory of ball lightning[J].J. Geophys. Res.，1966，71：1975.

[32] WU H，CHEN Y. Magnetohydrodynamic equilibrium of plasma ball lightning[J].Phys. Fluids B，1989，1：1753.

[33] KAISER R，LORTZ D. Ball lightning as an example of a magnetohydrodynamic equilibrium[J].Phys. Rev.，1995，52：3034.

[34] RAÑADA A F，SOLER M.，TRUEBA J L. Ball lightning as a force-free magnetic knot[J].Phys. Rev.，2000，62：7181.

[35] TSUI K H. Force-free field model of ball lightning[J].Phys. Plasmas，2001，8：687.

[36] TSUI K H. Ball lightning as a magnetostatic spherical force-free field plasmoid[J].Phys. Plasmas, 2003, 10: 4112.

[37] SHMATOV M L. New model and estimation of the danger of ball lightning[J].J. Plasma Phys., 2003, 69: 507.

[38] NIKITIN A I. The principles of developing the ball lightning theory[J].J. Russ. Laser. Res., 2004, 25: 169.

[39] TSUI K H. A self-similar magnetohydrodynamic model for ball lightnings[J].Phys. Plasmas, 2006, 13: 072102.

[40] STEPHAN K D. Electrostatic charge bounds for ball lightning models[J].Phys. Scr., 2008, 77: 035504.

[41] LOWKE J J. A theory of ball lightning as an electric discharge[J].J. Phys., 1996, 29: 1237.

[42] LOWKE J J, SMITH D, NELSON K E, et al. Birth of ball lightning[J].J. Geophys. Res., 2012, 117: D19107.

[43] KAPITZA P L. O priroda sharovoi molnii[J].Dokl. Akad. Nauk SSSR, 1955, 101: 245.

[44] KAPITZA P L.Free plasma filament in a high frequency field at high pressure[J].Sov. Phys. JETP, 1970, 30: 973.

[45] ABRAHAMSON J, DINNISS J . Ball lightning caused by oxidation ofnanoparticle networks from normallightning strikes on soil[J]. Nature, 2000, 403: 519.

[46] ABRAHAMSON J. Ball lightning from atmospheric discharges via metal nanosphere oxidation: from soils, wood or metals[J].Phil. Trans. R. Soc. Lond., 2002, 360: 61.

[47] LUSHNIKOV A A, NEGIN A E, PAKHOMOV A V.Experimental observation of the aerosol-aerogel transition[J].Chem. Phys. Lett., 1990, 175: 138.

[48] GOLKA JR R K. Laboratory-produced ball lightning[J].J. Geophys. Res., 1994, 99: 10679.

[49] ALEXEFF I, PARAMESWARAN S M, THIYAGARAJAN M, et al. Anexperimental study of ball lightning[J].IEEE Trans. Plasma Sci., 2004, 32: 1378.

[50] MEMBER N H, MEMBER H S S, MEMBER T K, et al.

Properties of ball lightning generated by a pulsed discharge on surface of an electrolyte in the atmosphere[J].IEEJ Trans. Electr. Electr. Eng., 2008, 3: 731.

[51] ITO T, TAMURA T, CAPPELLI M A, et al. Structure of laboratory ball lightning[J].Phys. Rev., 2009, 80: 067401.

[52] HILL J D, UMAN M A, STAPLETON M, et al. Attempts to create ball lightning with triggered lightning[J].J. Atmos. Sol. Terr. Phys., 2010, 72: 913.

[53] MENÉNDEZ J A, JUÁREZ-PÉREZ E J, RUISÁNCHEZ E, et al. Ball lightning plasma and plasma arc formation during the microwave heating of carbons[J].Carbon, 2011, 49: 346.

[54] FRIDAY D M, BROUGHTON P B, LEE T A, et al. Further insight into the nature of ball-lightning-like atmospheric pressure plasmoids[J].J. Phys. Chem., 2013, 117: 9931.

[55] PORTER C L, MILEY G P, GRIFFITHS D J, et al. Charge on luminous bodies resembling natural ball lightning produced via electrical arcs through lump silicon[J].Phys. Rev., 2014, 90: 063102.

[56] STEPHAN K D. Microwave generation of stable atmospheric-pressure fireballs in air[J].Phys. Rev., 2006, 74: 055401.

[57] OHTSUKI Y H, OFURUTON H.Plasma fireballs formed by microwave interference in air[J].Nature, 1991, 350: 139.

[58] OFURUTON H, KONDO N, KAMOGAWA M, et al. Experimental conditions for ball lightning creation by using air gap discharge embedded in amicrowave field[J].J. Geophys. Res., 2001, 106: 12367.

[59] DIKHTYAR V, JERBY E, Fireball ejection from a molten hot spot to air by localized microwaves[J].Phys. Rev. Lett., 2006, 96: 045002.

[60] MITCHELL J B A, LEGARREC J L, SZTUCKI M, et al. Evidence for nanoparticles in microwave-generated fireballs observed by synchrotron X-Ray scattering[J].Phys. Rev. Lett., 2008, 100: 065001.

[61] MEIR Y, JERBY E, BARKAY Z, et al. Observations of ball-lightning-like plasmoids ejected from silicon by localized microwaves[J]. Materials, 2013, 6: 4011.

[62] PAIVA G S, PAVAO A C, DE VASCONCELOS E A, et al. Production of ball-lightning-like luminous balls by electrical discharges in silicon[J].Phys. Rev. Lett., 2007, 98: 048501.

[63] PAIVA G S, FERREIRA J V, BASTOS C C, et al. Energy density calculations for ball-lightning-like luminous silicon balls[J].Phys.-Usp., 2010, 53: 209.

[64] STEPHAN K D, MASSEY N. Burning molten metallic spheres: One class of ball lightning?[J].J. Atmos. Sol. Terr. Phys., 2008, 70: 1589.

[65] V. S. Netchitailo. High-Energy Atmospheric Physics: Ball Lightning. Journal of High Energy Physics, Gravitation and Cosmology[J], 2019, 5, 360-374.

[66] A. I. Nikitin, V. L. Bychkov, T. F. Nikitina and A. M. Velichko. High-Energy Ball Lightning Observations[J]. IEEE Transactions on Plasma Science, 2014, 42, 3906-3911.

[67] ORVILLE R E, HENDERSON R W.Absolute spectral irradiance measurements of lightning from 375 to 880 nm[J].J. Atmos. Sci., 1985, 41: 3180.

[68] CEN J, YUAN P, QU H, ZHANG T.Analysis on the spectra and synchronous radiated electric field observation of cloud-to-ground lightning discharge plasma[J].Phys. Plasmas, 2011, 18: 113506.

[69] N IST data, http://physics.nist.gov/PhysRefData/ASD/lines_form.html.

[70] Orville R. E. Spectrum of the lightning stepped leader[J].J. Geophys. Res., 1968, 73: 6999.

[71] WARNER T A, ORVILLE R E, Marshall J L, et al. Spectral (600 ~ 1050 nm) time exposures (99.6 μs) of a lightning stepped leader[J].J. Geophys. Res., 2011, 116: D12210.

[72] FISENKO A I, IVASHOV S N. Determination of the true temperature of emitted radiation bodies from generalized Wien's displacement law[J].J. Phys. D: Appl. Phys., 1999, 32: 2882.

[73] LIMA J A S, ALCANIZ J S.Thermodynamics, spectral distribution and the nature of dark energy[J].Phys. Lett., 2004, 600: 191.

[74] ILIC O, SOLJAČIĆ M. Thermal emission: ultrafast dynamic

control[J].Nature Materials，2014，13：920.

[75] KAUFMAN V，MARTIN W C.Wavelengths and energy level classifications for the spectra of aluminum（Ali through Alxiii）[J].J. Phys. Chem. Ref. Data，1991，20：775.

[76] 岑建勇 . 云地闪电及球状闪电高时间分辨光谱的观测和分析 [D]. 兰州：西北师范大学，2015.

[77] 岑建勇，曹增丽 . 自然界一次球状闪电的产生过程分析 [J]. 山西师范大学学报，2018，32（2），48-51.

[78] CEN J，YUAN P，XUE S. Observation of the optical and spectral characteristics of ball lightning[J]. Phys. Rev. Lett.，2014，112：35001.

[79] MU Y，YUAN P，WANG X，et al. Temperature distribution and evolution characteristic in lightning return stroke channel[J].Journal of Atmospheric and Solar-Terrestrial Physics，2016，145：98-105.

[80] XUE S，YUAN P，CEN J，et al. Study on physical characteristics of a bipolar cloud-to-hround lightning discharge plasma[J]. IEEE Trans. Plasma Sci.，2015，43：851.

[81] WANG X，YUAN P，CEN J，et al. Correlation between the spectral features and electric field changes of multiple return strokes in negative cloud-to-ground lightning[J].J. Geophys. Res. Atmos.，2017，122：4993.

[82] TORCHIGIN V P，TORCHIGIN A V . How the ball lightning enters the room through the window panes[J].Optik.，2016，127：5876.